生物工程
生物技术
系　列

普通高等教育"十三五"规划教材

发酵工程实验指导

范延辉　王君 | 主编

U0288693

化学工业出版社

·北京·

本书分为基础实验和应用实验两部分，实验内容涵盖发酵工程上游、中游和下游技术，包括菌种筛选、菌种改良、培养基优化、发酵罐操作、发酵产物提取等内容。本书可供从事发酵工程、生化工程、生物工程、环境工程和制药工程的高校师生作为实验教材使用，也可供上述领域的企业生产、技术和管理人员参考。

图书在版编目（CIP）数据

发酵工程实验指导／范延辉，王君主编 . —北京：化学工业出版社，2018.5（2024.2 重印）
普通高等教育"十三五"规划教材
ISBN 978-7-122-31969-2

Ⅰ．①发… Ⅱ．①范… ②王… Ⅲ．①发酵工程－实验－高等学校－教材 Ⅳ．①TQ92-33

中国版本图书馆 CIP 数据核字（2018）第 077296 号

责任编辑：魏　巍　王　岩　赵玉清　　　　　　装帧设计：关　飞
责任校对：吴　静

出版发行：化学工业出版社（北京市东城区青年湖南街 13 号　邮政编码 100011）
印　　装：北京印刷集团有限责任公司
710mm×1000mm　1/16　印张 6¼　字数 108 千字　2024 年 2 月北京第 1 版第 4 次印刷

购书咨询：010-64518888　　　　　　　　售后服务：010-64518899
网　　址：http://www.cip.com.cn
凡购买本书，如有缺损质量问题，本社销售中心负责调换。

定　　价：28.50 元

前　言

　　生命科学是当今发展最快、最活跃的学科，也是 21 世纪各高等学校重点发展的学科之一。发酵工程是利用微生物的特定性状和功能，通过现代工程技术来生产有用物质或将生物直接用于工业化生产的技术体系，是建立在发酵工业基础上，与化学工程相结合而发展起来的一门学科，它是连接生命科学研究与应用的桥梁。发酵工程从在传统发酵食品中的应用，到抗生素工业的建立及其基因工程产品大规模产业化的实施，已经在人类经济活动中占据了重要地位。发酵产品在医药领域已被用作抗生素、抗癌药和免疫抑制剂，在食品加工和农业领域被用作生物杀虫剂，在化工领域被用来生产氨基酸、有机酸、维生素、表面活性剂和生物催化剂。此外，微生物在环境修复，如石油降解、污水处理、重金属修复等方面，也发挥了重要作用。随着微生物学、基因组学、蛋白质组学、代谢组学的不断发展，以及过程控制技术和生物化工技术与装备的不断进步，发酵工程必将焕发出更强大的生机。通过发酵工程课程的学习，不仅能够掌握发酵工程的原理及发酵控制过程优化，而且对系统地了解生物技术及其工业化应用具有重要意义。

　　作为一门实践性很强的学科，发酵工程取得的每一个进步都和实验技术的发展密切相关。因此学习发酵工程，不仅要掌握坚实的基础理论知识，更要熟练地掌握实验操作技能，从而在实验中发现并解决问题，促进理论与实践的紧密结合。发酵工程实验对于培养学生的专业技能和动手能力，提高专业素质都有举足轻重的地位。

　　本实验指导涵盖发酵工程上游、中游和下游技术，包括菌种筛选、菌种改良、摇瓶发酵条件优化、发酵罐操作、发酵产物提取、定性和定量分析等内容，还包括了啤酒酿造、蘑菇栽培等应用性实验，以便于学生全面、系统地掌握发酵工程的基本操作，提高动手能力。

　　在编写本书的过程中，我们参考了许多国内外相关的教材和文献资料，借鉴了一些重要的实验案例，在此向各位前辈和同行致以衷心的感谢。本教材还得到了学校、出版社的大力支持和帮助，谨在此一并表示衷心感谢。

限于编者的水平，加之时间仓促，不足之处在所难免，敬请专家和同行以及广大读者批评指正。

编者
2018 年 1 月

目录

附录 ……………………………………………………………………… 87

参考文献 ……………………………………………………………… 93

第一部分 基础实验

实验一
耐盐解磷菌的分离、鉴定及特性分析

一、 实验目的

（1）学习并掌握采用透明圈法分离解磷菌。

（2）了解解磷菌溶磷水平的测定方法。

二、 实验原理

磷是植物体内有机化合物的重要组成成分，是植物生长所必需的含量仅次于氮的元素，然而由于土壤的固定作用，施入的化学磷肥大部分都与土壤中的 Fe^{3+}、Ca^{2+}、Al^{3+} 结合形成难溶性的磷酸盐，导致土壤有效磷的缺乏，使磷成为制约作物生产的主要限制因素。为了满足作物的生长，人们往往会通过施加大量磷肥来提高作物产量，这导致磷酸盐迅速在土壤中积累，不仅造成磷素资源的浪费，而且对水体环境安全构成一定的威胁。因此，提高土壤中难溶性磷的利用效率对于农业生态系统的健康发展具有重要意义。研究表明土壤中存在着大量的溶磷微生物，溶磷微生物能够将土壤中难溶性的磷酸盐转化为易于被植物吸收利用的水溶性磷，提高了土壤的供磷水平，从而增加作物产量。另外，溶磷微生物还能分泌生长调节物质，促进农作物植物根系对锌、铜等其他营养元素的吸收，增强植物抗病能力，并减少环境污染。

解磷微生物的溶磷机理主要有：有机酸的分泌、质子的释放、CO_2 作用、H_2S 作用和产生磷酸酶。其中产生低分子量有机酸是溶磷微生物具有显著溶解难溶磷作用的主要机理，难溶性磷酸盐能够在酸性条件下溶解；另外，有机酸能与 Al^{3+}、Fe^{3+}、Ca^{2+}、Mg^{2+} 等金属离子发生络合作用，从而将与之结合的磷酸根释放出来。因此，溶磷微生物的溶磷能力往往与培养液的 pH 存在一定的负相关性。

黄河三角洲是我国最大的三角洲，地域辽阔，自然资源丰富，然而，近年来黄河断流影响了黄河三角洲地区淡水水源的补给，破坏了土壤中水盐的平衡，致使土壤含盐量上升，土壤盐碱化现象严重，盐碱地面积已达 $4.43 \times 10^5 hm^2$，占全区耕地总面积的 52.5%。盐碱化土壤由于其特殊的理化性质可能会导致传统的非土著解磷菌定殖能力差、竞争力较弱、溶磷能力退化快、菌种淘汰率高等劣势，因此，筛选土著耐盐解磷菌对于开发微生物肥料、提高盐碱土壤磷素利用率具有重要意义。解磷菌在无机磷培养基上形成的透明圈如图 1-1 所示。

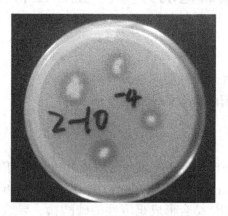

图 1-1　解磷菌在无机磷培养基上形成的透明圈

三、　实验材料

1. 土壤

本实验所用土壤样品取自滨州市沾化县冬枣园枣树根系周围，土壤类型属轻度盐碱土，采集深度为 5~20cm。

2. 培养基

①改良蒙金娜无机磷培养基：葡萄糖 10g，$(NH_4)_2SO_4$ 0.5g，NaCl 0.3g，KCl 0.3g，$FeSO_4 \cdot 7H_2O$ 0.03g，$MnSO_4 \cdot 4H_2O$ 0.03g，$MgSO_4 \cdot 7H_2O$ 0.3g，$Ca_3(PO_4)_2$ 10g，酵母膏 0.4g，蒸馏水 1000mL，pH 7.0~7.5。

②牛肉膏蛋白胨培养基：牛肉膏3g，蛋白胨10g，氯化钠5g，琼脂20g，蒸馏水1000mL，pH 7.0。

③PDA培养基：马铃薯200g，蔗糖20g，琼脂20g，蒸馏水1000mL，pH自然。

3. 主要试剂和仪器

①试剂：磷酸二氢钾、钼酸铵、酒石酸锑钾、抗坏血酸、浓硫酸、$Ca_3(PO_4)_2$均为分析纯。

②仪器：高速低温离心机（Beckman Coulter的Allegra X-22R），分光光度计（北京普析通用仪器有限责任公司的TU-1810系列），细菌DNA提取试剂盒和真菌DNA提取试剂盒（北京三博远志生物技术有限公司），引物27F和引物1492R（北京三博远志生物技术有限公司），PCR扩增试剂盒（上海生工生物工程有限公司），PCR仪（美国ABI公司2720型PCR扩增仪Applied Biosystems 2720 Thermal cycler）。

四、 实验步骤

1. 解磷微生物的初筛及纯化

称取10g土壤样品置于90mL无菌水中，高速振荡制成土壤悬液，土壤悬液梯度稀释后涂布在改良蒙金娜无机磷固体培养基上，涂好的平板用封口膜封口倒置于生化培养箱中30℃培养7d左右。通过观察平板上所长菌落产生的透明圈（测量其透明圈直径D、菌落直径d，$D/d > 1.4$）来初步筛选解磷菌。挑取具有较明显透明圈的单菌落纯化多次，直至通过平板和镜检观察确定其为纯培养物后，挑取细菌单菌落转至牛肉膏蛋白胨培养基平板上培养24h左右，分离得到的菌株均置于4℃冰箱保存。

2. 解磷微生物的复筛

挑取各初筛细菌菌株的单菌落，放于牛肉膏蛋白胨液体培养基中30℃振荡培养至发酵液变浑浊后离心，用无菌水重悬，即制备成菌悬液（菌数约为1×10^9CFU/mL）。按5%的接种量将菌悬液接入100mL蒙金娜无机磷液体培养基中，30℃摇床培养7d。培养完毕，发酵液10000r/min离心5min，采用钼蓝比色法定量测定上清液中可溶性磷的含量（使用光程为10mm的比色皿，波长采用700nm），以不接菌作为空白对照。对比各菌株发酵液中溶磷量的大小，筛选出高效解磷菌。

3. 高效解磷菌的耐盐性实验

细菌的耐盐性实验选用牛肉膏蛋白胨液体培养基，培养基中加入不同含量的 NaCl：0.5%（牛肉膏蛋白胨液体培养基中固有的 NaCl 含量）、1.5%、2.5%、3.5%、4.5%；30℃ 振荡培养 24h 后，各发酵液适当稀释后在 600nm 波长下测定其吸光度 Abs，比较各高效解磷菌株的耐盐情况，从中筛选出耐盐性较好的高效解磷菌。

真菌的耐盐性实验采用 PDA 固体培养基作为基本培养基，培养基中加入不同含量的 NaCl：0、2.5%、5.0%、7.5%、10%、12.5%；用灭过菌的打孔器在长满真菌菌丝的 PDA 平板上打孔，然后用镊子夹取琼脂片倒扣在耐盐实验用培养基平板的中心位置（菌丝面贴在新鲜培养基上），30℃ 恒温培养，分别在第 1d、第 2d、第 3d、第 4d、第 5d 观察并记录菌丝在不同 NaCl 含量的 PDA 平板上的蔓延情况。

4. 菌落形态的观察

将筛选出的耐盐高效解磷细菌菌株在牛肉膏蛋白胨固体培养基上单菌落划线，观察其生长情况及菌落特征，包括菌落颜色、润泽与否、菌落形状、菌落隆起还是平整、边缘是否圆整、表面光滑与否、是否透明、是否容易挑起等。

真菌接种到 PDA 培养基上，观察菌落的形成及蔓延状况。

5. 生长曲线的绘制

将耐盐高效解磷菌株接入牛肉膏蛋白胨液体培养基中制备其菌悬液，按 5% 的接菌量接入新鲜牛肉膏蛋白胨培养液中，混匀后，分装到灭菌的试管中，每支试管装 5mL，用灭过菌的棉塞封口；分别在 0、2h、4h、6h、8h、10h、12h、14h、16h、18h、20h、23h、26h、30h、38h 取样，每次取三支试管，放于 4℃ 冰箱中，最后一起在 600nm 下测定发酵液适当稀释后的光密度值 Abs。

6. 水溶性磷、 pH 和菌体生长量的测定

将菌株的菌悬液按 1% 的量接入改良蒙金娜液体培养基，30℃，150r/min 恒温振荡培养。每隔 24h 在无菌操作下从培养液中吸取 5mL 培养液，取 2mL 菌液低速（1500r/min）离心 3min，然后用等体积 1mol/L HCl 稀释，以去除上清液中残留的磷酸钙颗粒，600nm 波长下测定细菌悬液的吸光度值 Abs；将剩余的 3mL 菌液再经 10000r/min 离心 10min，取上清液用钼蓝比色法测定水溶性磷含量，并测定其 pH 值。

7. 耐盐高效解磷菌的分子生物学鉴定

利用牛肉膏蛋白胨液体培养基培养细菌，离心后弃上清。菌株采用细菌总 DNA 提取试剂提取基因组 DNA。利用 16S rDNA 的 PCR 反应通用引物（上游引物为 27F：5′-GAGAGTTTGATCCTGGCTCAG-3′；下游引物为 1492R：5′-GGYTACCTTGTTACGACTT-3′）进行 PCR 扩增。PCR 扩增条件为：先 94℃ 预变性 5min；再 94℃ 变性 30s，55℃ 退火 30s，72℃ 延伸 1min，30 个循环后再 72℃ 终延伸 10min。PCR 纯化产物送北京三博远志生物技术公司利用引物 27F 和 1492R 进行双向测序。两引物测出的序列利用 Contig1 进行拼接。拼接后的序列信息输入 NCBI 数据库进行 BLAST 分析，获得同源性数值，运用 ClustalX 软件进行分析，形成一个多重复匹配列阵，利用 MEGA4.1 中的 Neighbor-Joining 法构建系统发育树。

利用 PDA 固体培养基培养真菌，刮取平皿表面的菌丝体放入研钵中用液氮研磨。研磨好的菌丝体采用真菌总 DNA 提取试剂盒提取其基因组 DNA。利用真菌 ITS 序列的 PCR 通用引物（上游引物为 ITS1：5′-TCCGTAG-GTGAACCTGCGG-3′；下游引物为 ITS4：5′-TCCTCCGCTTATTGATATGC-3′）进行 PCR 扩增。反应体系与扩增条件同细菌。测序后对解磷真菌进行同源性分析。

五、 结果与讨论

（1）分离得到的解磷菌解磷性及耐盐性如何？
（2）如何验证分离菌株在盐碱土壤中的实际溶磷能力？

实验二
抗真菌放线菌的分离

一、 实验目的

（1）了解采集土样的要求和方法。
（2）掌握由土壤中分离稀有放线菌的基本原理和操作技术。
（3）掌握土壤稀释法和微生物的纯培养技术。
（4）掌握拮抗菌的筛选方法。

二、 实验原理

植物病原真菌引起的植物病害是植物的第一大病害，每年给粮食生产造成巨大的损失。化学农药在植物病害防治上发挥了作用，但其残留与污染环境等问题直接危害了人类的健康及生存。随着绿色农业和有机果蔬的兴起，寻找新的环境友好型病害防治措施开始受到人们的广泛关注。

生物间的相互关系复杂且多样。其中的拮抗关系是微生物病害的生物防治基础。拮抗又称抗生，是指由某种生物所产生的特定代谢产物可抑制他种生物的生长发育甚至杀死它们的一种相互关系。由拮抗性微生物产生的抑制或杀死他种生物的抗生素，是典型并且与人类关系均密切的拮抗作用。在众多的拮抗性微生物产生的抗生素中，有一部分属于农用抗生素，它们具有高效、安全、廉价和可降解等优点，是农药发展的重要方向。井冈霉素、阿维菌素、春日霉素、庆丰霉素和灭瘟素等已在农作物和森林病虫害防治中发挥了较好的作用。

放线菌是一类具有高（G + C）mol% 含量的革兰氏阳性细菌，广泛分布在土壤、海洋、动植物体等多种生境，相较于其他微生物它能够产生更为丰富的生物活性物质。据统计，从放线菌发现的生物活性物质已经超过 13700 余种，占已发现天然活性物质（33500 种）的 40% 以上；目前临床和农业上使用的 150 多种抗生素，2/3 来自放线菌。因此，筛选新放线菌是发现新药的重要途径。放线菌是介于细菌与丝状真菌之间而又接近于细菌的一类丝状原核生物，多为腐生，少数寄生。放线菌主要存在于土壤中，并在土壤中占有相当大的比例。一般地，放线菌在比较干燥、偏碱性、含有机质丰富的土壤中数量居多。通常，随着地理分布、植被及土壤性质的不同，放线菌的种类、数量和拮抗性也各不相同。土壤是微生物的大本营，其中的放线菌多以链霉菌为主，因此人们通常将除链霉菌以外的其他放线菌统称为稀有放线菌。若以常规方法进行分离，得到的几乎全部是链霉菌。当采用加热处理土样、选用特殊培养基或添加某种抗生素等方法时，均可提高稀有放线菌的获得率。

从土壤中分离放线菌的方法很多，其中包括稀释法、弹土法、混土法和喷土法等，本实验主要采用稀释法。初步分离出的放线菌需进一步鉴别是否为需要的拮抗菌。首先应根据筛选目的确定实验模型，然后利用培养基平板进行拮抗性测定。常用的方法有琼脂块法和滤纸片法。其主要依据是扩散原理，即观察在抗生菌周围是否会出现明显的抑菌圈（图2-1）。抑菌圈的大小和透明度则表明了该菌株抗菌活性的强弱。

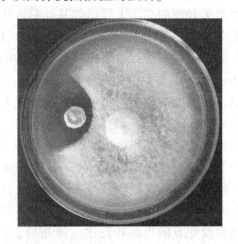

图2-1　放线菌对病原真菌的拮抗作用

三、　实验材料

黄瓜枯萎病菌、培养皿、三角瓶、吸管、滤纸片直径1cm、土样，镊子，无菌玻璃平盘，无菌玻棒，玻璃刮铲。

高氏1号培养基（用于分离放线菌）：可溶性淀粉20g，KNO_3 1g，K_2HPO_4 0.5g，$MgSO_4 \cdot 7H_2O$ 0.5g，NaCl 0.5g，$FeSO_4 \cdot 7H_2O$ 0.01g，琼脂20g，pH7.4～7.6。

配制时，先用少量冷水将淀粉调成糊状，倒入少于所需水量的沸水中，在火上加热，边搅拌边依次逐一溶化其他成分，溶化后，补足水分到100mL，调pH，121℃灭菌20min。

四、 实验步骤

1. 采集土样

铲去表层土，用取样器取规定深度（5~20cm）的土样，装入无菌封口塑料袋中，再装入防水纸袋中，注明采集时间、地点、周边植被及土质特点等，带回实验室自然风干后分离。

2. 制备土壤稀释液

称取 10g 研磨好的土样至 250mL 三角烧瓶中，加入 90mL 无菌水和适量玻璃珠，振荡 15min，充分混匀，做成 10^{-1} 倍悬浊液，经梯度稀释后备用。

3. 涂布

将事先配置并经灭菌处理的高氏 1 号培养基加热溶化，于超净工作台内倒平板。倒平板前在培养基中添加适量 $K_2Cr_2O_7$（50~100μg/mL）以抑制真菌及细菌的生长。倒平板的方法：右手持盛有培养基的试管或三角瓶置酒精灯火焰上方 5~10cm 处，用左手将棉塞轻轻地拔出，试管或瓶口保持对着火焰。左手拿培养皿，利用拇指和中指将皿盖在火焰上方 5~10cm 处打开一缝，迅速倒入培养基约 15mL，加盖后轻轻摇动培养皿，使培养基均匀分布在培养皿底部。然后平置于超净工作台内，待冷凝后即为平板。

用无菌移液管分别选取合适的土壤稀释液 0.1mL 加入平板中，右手拿无菌玻璃涂棒，将稀释液沿一条直线轻轻地来回推动，使之分布均匀。加盖后将培养皿沿一个方向旋转一定角度，重复涂布动作。如此反复几次。平板内边缘处可用玻璃涂棒改变方向再涂布几次。涂布后，需静置 30min，使菌液吸附进培养基。在每个平板底部用记号笔做好标记以便区分。

4. 放线菌分离

将高氏 1 号培养基平板倒置于 28℃恒温培养箱中培养 7~21d。根据放线菌菌落形态差异，将培养后长出的单个放线菌菌落分别挑取少许细胞接种到高氏 1 号培养基的斜面上，并进行编号。待斜面上长出菌苔后，镜检确定是否为单一微生物。若发现有杂菌，需采用平板划线法进行菌株纯化分离，直到获得纯培养。平板划线方法：在近火焰处，左手拿培养皿，右手拿接种环，挑取待纯化的单菌落一环，先在平板培养基的一边做第一次平行划线 3~4 条，再转动培养皿约 70°角，并将接种环于火焰上灼烧灭菌，待冷却后通过第一次划线部分做第二次平行划线，如此重复 2~3 次。将样品在平板上进行稀释，盖上培养皿盖，倒置培养。挑取单个菌落进行纯种鉴定。

5. 抑菌活性筛选

将实验室保存的植物病原真菌（黄瓜枯萎病病菌）接种至 PDA 培养基平板上，倒置于 30℃ 恒温培养箱中培养 3 ~ 5d。用灭过菌的打孔器，制成直径为 5mm 的菌饼备用。采用平板对峙生长法对分离纯化后的放线菌菌株进行拮抗性筛选。在 PDA 培养基平板中央放置黄瓜枯萎病菌饼，同时在与菌饼相距 25mm 的 4 个角处分别点接 4 个分离纯化后待测的细菌菌株，对照平板只接病原真菌菌饼，不点接筛选菌。将做好的平板置于 28℃ 培养箱中培养 3 ~ 5d，观察待测菌株对油菜菌核病菌有无拮抗作用，选出对病原真菌生长有抑制作用的菌株进行进一步研究。

五、 结果与讨论

（1）一共获得了几株拮抗真菌，占总放线菌数的比例大约为多少？

（2）分离放线菌过程中除了 $K_2Cr_2O_7$，还有那些常用的抑制剂。

实验三
纤维素分解菌的分离

一、 实验目的

(1) 掌握纤维素降解菌的分离和筛选的方法。
(2) 掌握配制培养基的原则和方法。

二、 实验原理

纤维素是一种由葡萄糖首尾相连而成的高分子化合物，是植物细胞壁主要成分，属于多糖类物质，是地球上数量最大的可再生资源。土壤中某些微生物能够产生纤维素酶，把纤维素分解为葡萄糖，后再利用。如能利用微生物将其转化为生物产品或生物能源，既可缓解能源短缺又能解决环境污染。因此分离和筛选高酶活性的菌株是有效利用纤维素物质的关键。

纤维素酶是一种复合酶，一般认为它至少包括三种组分：C_1酶（外切酶）、C_x酶（内切酶）和葡萄糖苷酶，前两种酶使纤维素分解成纤维二糖，第三种酶将纤维二糖分解成葡萄糖。

刚果红可以与纤维素形成红色复合物，当纤维素被纤维素酶分解后，红色复合物无法形成，出现以纤维素分解菌为中心的透明圈，可以通过是否产生透明圈来筛选纤维素分解菌。

三、 实验材料

1. 培养基

羧甲基纤维素钠培养基（初筛培养基）：CMC-Na 3.0g，$(NH_4)_2SO_4$ 2.0g，K_2HPO_4 1.0g，$MgSO_4 \cdot 7H_2O$ 0.5g，胰蛋白胨 1.0g，琼脂20g。

刚果红培养基（复筛培养基）：CMC-Na 3.0g，$(NH_4)_2SO_4$ 2.0g，K_2HPO_4 1.0g，$MgSO_4 \cdot 7H_2O$ 0.5g，胰蛋白胨 1.0g，琼脂20g，刚果红 2g，蒸馏水1000mL PH7.0。

2. 土壤样品

校园中落叶覆盖下的腐殖土。

四、 实验步骤

1. 初筛

称取土壤样品 10g，倒入含有 90mL 水和玻璃珠的三角瓶中振荡 5min，使土样充分打散。无菌条件下，将土壤悬液稀释成 $10^{-7} \sim 10^{-2}$ 系列浓度。取稀释后的土壤悬液 1mL 涂布到以羧甲基纤维素钠为唯一碳源的平板上，$28 \sim 30℃$ 温度下，倒置培养一周。多次平板划线分离纯化得到纯菌株。

2. 复筛

将初筛得到的菌株点样于刚果红培养基上进行复筛，培养 2d。采用十字交叉取平均值法，测量降解圈及菌落直径 R_1，R_2。根据 R_1/R_2 的值，筛选出比值最大的几株菌。

五、 结果与讨论

（1）试述分离不同纤维素分解菌时分离用培养基的差异。
（2）图示所分离纤维素分解菌个体形态特征。

实验四
泡菜中乳酸菌的分离及初步鉴定

一、 实验目的

（1）了解乳酸菌的菌落特征及细胞形态。

（2）掌握乳酸菌的分离及鉴定原理。

二、 实验原理

在人体肠道内栖息着数百种细菌，其数量超过百万亿个。其中对人体健康有益的叫益生菌，以双歧杆菌、屎肠球菌等为代表，对人体健康有害的叫有害菌，以大肠杆菌、产气荚膜梭状芽孢杆菌等为代表。益生菌是一个庞大的菌群，有害菌也是一个不小的菌群，当益生菌占优势时（占总数的80%以上），人体则保持健康状态，否则处于亚健康或非健康状态。长期科学研究结果表明，以乳酸菌为代表的益生菌是人体必不可少的且具有重要生理功能的有益菌，乳酸菌对人的健康与长寿非常重要。

乳酸杆菌族，菌体杆状，单个或成链、有时成丝状、产生假分枝。根据其利用葡萄糖后的产物不同，分为同型发酵群和异型发酵群。多数种可发酵乳糖，而不利用乳酸，发酵后可将 pH 下降至 6.0 以下。乳酸菌大体上可分为两大类。一类是动物源乳酸菌，另一类是植物源乳酸菌。因为动物源乳酸菌取自动物，因菌种常处于相对不稳定状态，其生物功效也较不稳定，且在大量食用时，很容易导致人体动物蛋白过敏，即排斥反应。而植物源乳酸菌，因为取自植物易被人体认可，不论摄取多大的量，人体不会产生异体蛋白排斥反应，且植物源乳酸菌比动物源乳酸菌更具有活力，能比动物源多8倍的数量到达人体小肠内定殖，从而发挥其强大而稳定的生物功效。

乳酸菌不仅可以提高食品的营养价值，改善食品风味，提高食品保藏性和附加值，而且乳酸菌的特殊生理活性和营养功能，正日益引起人们的重视。大量研究表明，乳酸菌能够调节机体胃肠道正常菌群、保持微生态平衡，提高食物消化率和生物价，降低血清胆固醇，控制内毒素，抑制肠道内腐败菌生长繁殖和腐败产物的产生，制造营养物质，刺激组织发育，从而对机体的营养状态、生理功能、细胞感染、药物效应、毒性反应、免疫反应、肿瘤发生、衰老过程和突然的应急反应等产生作用。可以说，如果乳酸菌停止生长，人和动物就很难健康生存。也正因为如此，乳酸菌是一种存在于人类体内的重要益生菌之一，有助人体肠脏的健康，常被视为健康食品而被广泛用于轻工业、医药及饲料工业等许多行业上。

乳酸菌发酵食品作为营养保健食品已广泛被国内外消费者所接受，中国民间已具有较悠久的加工和食用历史。在中国一些地区更蕴藏着丰富、优良的民间发酵食品，泡菜便是其中的一类。从传统自然发酵的泡菜中分离筛选具有良好发酵蔬菜或发酵乳特性的乳酸菌菌株，通过菌株产香、产黏、产酸等特性的研究，为生产乳酸菌纯菌发酵剂、改进传统乳酸发酵食品生产工艺等，提供有益技术支撑与方法参考，为进一步研究制定相关传统食品工业化、标准化生产工艺提供直接证据。

本实验采用溴甲酚绿牛乳营养琼脂平板分离乳酸菌。溴甲酚绿指示剂在酸性环境中呈黄色，在碱性环境中呈蓝色。在分离培养基（pH6.8）中加处溴甲酚绿指示剂后呈蓝绿色，乳酸菌在该培养基中生长并分解乳糖，产生乳酸，使菌落呈黄色，菌落周围的培养基也变为黄色。

三、 实验材料

（1）样品：含乳酸菌的泡菜。

（2）培养基：BCG 牛乳培养基。

（3）试剂：结晶紫，乙醇，草酸铵，碘，碘化钾，番红，NaOH，NaCl 等。

（4）仪器与设备：高压蒸汽灭菌锅，电磁炉，烧杯，量筒，培养皿。

四、 实验步骤

1. 菌悬液的配制

取 1 只洁净三角瓶，盛以 225mL 生理盐水；7 支洁净试管，各盛 9mL 的生理盐水；加塞包扎后在 103kPa 121℃ 条件下高压蒸汽灭菌 20min，得到无菌生理盐水。将泡菜样品搅拌均匀，用无菌移液管吸取样品 25mL，加入盛有 225mL 无菌生理盐水的三角瓶中，在旋涡均匀器上充分振摇，使样品均匀分散，即为 10^{-1} 倍的样品稀释液；将 7 支装 9mL 生理盐水的无菌试管，依次标记"10^{-2}"、"10^{-3}"、"10^{-4}"、"10^{-5}"、"10^{-6}"、"10^{-7}"，再用无菌移液管吸 10^{-1} 倍的菌悬液 1mL 放入依次装有 9mL 无菌水的试管中，稀释混匀便得到 10^{-2} 倍稀释液，如此重复依次制得 $10^{-3} \sim 10^{-7}$ 倍的稀释液。

2. 倒平板

取无菌平板 12 个，编号标明 "10^{-1}"、"10^{-5}"、"10^{-6}"、"10^{-7}" 各三套；将经高温消毒的培养基冷却至 50℃ 左右，按无菌操作原则倒 12 个平板，每皿约 15mL；平置使培养基均匀分布在皿底，凝固待用。

3. 乳酸菌分离

①平板划线法：接种环挑取 10^{-1} 倍菌液，按无菌操作对标有 "10^{-1}" 的 3 个平板进行划线操作；划线完毕后，盖上皿盖，倒置放在 40℃ 恒温培养箱中培养 48h。

②平板涂布法：用三支 1mL 无菌移液管分别吸取 10^{-5} 倍、10^{-6} 倍和 10^{-7} 倍的稀释菌悬液各 1mL，对号接种于与之对应的 3 个无菌平板中，每个平皿放 0.1mL；尽快用无菌玻璃涂棒将菌液在平板上均匀涂布，平放于实验台上 20min；然后倒置于 40℃ 恒温箱中培养 48h。

4. 菌落观察

恒温培养 48h 后，取出培养平板；选择菌落分布较好的平板，先对其菌落形态进行观察，初步找出乳酸菌菌落。乳酸菌的菌落很小，为 1~3mm，圆形隆起，表面光滑或稍粗糙，呈乳白色、灰白色或暗黄色；在产酸菌落周围还能产生 $CaCO_3$ 的溶解圈。

5. 乳酸菌初步鉴定

取干净载玻片一块，在载玻片中央加一滴生理盐水，无菌操作法取少量菌体涂片；结晶紫初染→碘液媒染→乙醇脱色→番红复染，干燥后用油镜观察，菌体被染成蓝紫色的是乳酸菌；其中保加利亚乳杆菌呈杆状（单杆、双杆或长丝状）；嗜热链球菌，呈球状（成对、短链或长链状）。

五、 结果与讨论

（1）记录从泡菜中分离纯化得到的乳酸菌种类、数量（菌落数），并绘出乳酸菌形态。

（2）根据实验结果，推断乳酸菌有什么特点？从泡菜中分离的乳酸菌如何进行初步鉴别？

（3）泡菜中含有一定乳酸菌，乳酸菌对人类有哪些作用，试预测乳酸菌食品的发展前景。

实验五
细菌鉴定中常用的生理生化反应

一、 实验目的

（1）了解细菌生理生化反应原理，掌握细菌鉴定中常用的生理生化反应的测定方法。

（2）通过不同细菌对不同含碳、含氮化合物的分解利用情况，了解细菌碳、氮代谢类型的多样性。

（3）了解细菌在培养基中的生长现象及其代谢产物在鉴别细菌中的意义。

（4）学习不同接种技术。

二、 实验原理

不同细菌所具有的酶系统不尽相同，对营养基质分解能力也不一样，因而代谢的产物存在差别，用生理生化实验的方法检测细菌对各种基质的代谢作用及其代谢产物，从而鉴别细菌的种属，称之为细菌的生理生化反应。

三、 实验材料

1. 菌株

大肠杆菌（*Escherichia coli*）、变形杆菌（*Proteus vulgaris*）、枯草杆菌（*Bacillus subtilis*）、产气杆菌（*Enterobacter aerogenes*）和未知菌悬液。

2. 试剂

甲基红试剂，V-P 试剂，吲哚试剂；葡萄糖/乳糖发酵培养基，葡萄糖蛋白胨水培养基，胰蛋白胨水培养基，硫化氢实验培养基，明胶液化培养基，柠檬酸盐培养基，淀粉培养基平板。

四、 实验步骤

1. 培养基配制

（1）葡萄糖/乳糖发酵培养基（用于糖发酵实验）

胰蛋白胨　　　5g

NaCl   2.5g

蒸馏水   500mL

制法：

①将上述成分混合于蒸馏水中溶解，校正 pH 至 7.4 ~ 7.6。

②加葡萄糖/乳糖 5g，溶解后加入 0.5mL 的 1.6% 溴甲酚紫乙醇溶液，混匀。

③分装于 60 支试管内，每管 5mL。

④每管倒置一个杜氏小管，加盖，115℃灭菌 30min。

（2）葡萄糖蛋白胨水培养基（用于甲基红实验和 V-P 实验）

蛋白胨   2.5g

葡萄糖   2.5g

磷酸氢二钾   2.5g

蒸馏水   500mL

制法：

①将上述成分混合于蒸馏水中，加热溶解后，调 pH 至 7.2。

②分装于 120 支试管中，每管 5 mL。0.06MPa 灭菌 30min。

（3）胰蛋白胨水培养基（用于吲哚实验）

胰蛋白胨   5g

NaCl   2.5g

蒸馏水   500mL

制法：

①将上述成分混合于蒸馏水中溶解，校正 pH 至 7.4 ~ 7.6。

②分装于 60 支试管中，每管 5mL。0.06MPa 灭菌 30min。

（4）柠檬酸盐培养基（用于柠檬酸盐利用实验）

氯化钠	2.5g
硫酸镁	0.1g
磷酸氢二铵	0.5g
磷酸二氢钾	0.5g
柠檬酸钠	1g
琼脂	10g
1% 溴麝香草酚蓝乙醇溶液	5mL
蒸馏水	500mL

制法：

①将上述各成分（溴麝香草酚蓝除外）加热溶解，校正至 pH6.8。

②加入溴麝香草酚蓝混匀，分装 60 支试管，每管约 5mL。

③0.1MPa 高压灭菌 20min 后制成斜面。

（5）明胶培养基（用于明胶液化实验）

牛肉膏	2.5g
蛋白胨	5g
NaCl	2.5g
明胶	60g
蒸馏水	500mL

制法：

①将上述成分溶化，调 pH7.2 ~ 7.4。

②加入明胶，分装到 60 支试管，每支 5mL。

③0.06MPa、30min 灭菌。

（6）硫化氢实验培养基（用于硫化氢实验）

蛋白胨	10g
NaCl	2.5g
柠檬酸铁铵	0.25g
硫代硫酸钠	0.25g
琼脂	4g
蒸馏水	500mL

制法：

①调 pH 至 7.2 后，用蒸馏水将琼脂加热溶解。

②分装到 60 支试管，0.1MPa 灭菌 20min 后备用。

（7）淀粉培养基（用于淀粉水解实验）

蛋白胨	10g
牛肉膏	5g
可溶性淀粉	2g
NaCl	5g
琼脂	20g
蒸馏水	1000mL

制法：

①取少量蒸馏水将淀粉调成糊状，再加入到已溶化好的培养基中，定容到 1000mL。

②调 pH 至 7. 2，分装于三角瓶，115℃、25min 灭菌后冷却到 60℃左右，无菌操作倒入无菌培养皿中制作平板培养基。

2. 培养基的标记

用记号笔在试管上标明培养基的名称，所接种的菌名，和实验组号。

3. 接种

取不同培养基，按照实验要求从相应细菌悬液中取菌接种。

4. 对以下实验组进行相应处理后再观察结果

①甲基红实验：加甲基红试剂数滴。

②V-P 实验：加入 40% KOH 5～10 滴后，再加入等量的 α-萘酚溶液，在 37℃恒温箱保温 30min。

③吲哚实验：加数滴吲哚试剂。

④明胶液化实验，将 3 支试管放入 4℃冰箱 30min，取出后观察明胶液化情况。

⑤培养 24h 后，对糖类发酵实验，硫化氢实验，柠檬酸盐利用实验直接观察结果。

⑥在淀粉培养基平板上的不同区域滴加碘液，观察淀粉-碘液显色反应的结果。

五、 结果与讨论

（1）在吲哚实验和硫化氢产生实验中细菌各分解哪种氨基酸？

（2）假设某种微生物可以有氧代谢葡萄糖，发酵实验应该出现怎样的结果？

实验六
大肠杆菌 Str （链霉素） 抗性突变株的筛选

一、 实验目的

（1） 观察紫外线对链霉素产生抗性的诱变效应。

（2） 学习并掌握物理诱变育种的方法。

二、 基本原理

紫外线是微生物育种中最常用的诱变剂之一。由于碱基间电子的相互作用，DNA 分子在波长 260nm 处有最大的紫外吸收峰，因此决定了紫外线诱导细胞发生突变的有效波长为 260nm。DNA 对紫外线有强烈的吸收作用，尤其是碱基中的嘧啶，它比嘌呤更为敏感。紫外线引起 DNA 结构变化的形式很多，如 DNA 链的断裂、碱基破坏。但其最主要的作用是使同链 DNA 的相邻嘧啶间形成胸腺嘧啶二聚体，阻碍碱基间的正常配对，从而引起微生物突变或死亡。

经紫外线损伤的 DNA，能被可见光复活，因此，经诱变处理后的微生物菌种要避免长波紫外线和可见光的照射，故经紫外线照射后样品需用黑纸或黑布包裹。

三、 实验材料

1. 菌种

大肠杆菌。

2. 培养基

牛肉膏蛋白胨培养基：牛肉膏 0.5g，蛋白胨 1.0g，NaCl0.5g，蒸馏水 100mL，pH7.2。121℃高压蒸汽灭菌 20min。如配制固体培养基需加琼脂 1.5% ~ 2%，如配制半固体培养基则加琼脂 0.5% ~ 0.8%。

如配制固体培养基需加琼脂 1.5% ~ 2%。如配制半固体培养基则加琼脂 0.7% ~ 0.8%。

四、 实验步骤

1. 诱变

（1）菌悬液的制备

出发菌株移接新鲜斜面培养基，37℃培养 16～24h。取已培养 20h 的活化大肠杆菌斜面一支，用 10mL 生理盐水将菌苔洗下，取 4mL 于 5mL 离心管中离心（3000r/min）15min，弃上清液，将菌体用无菌生理盐水洗涤 2 次，最后制成菌悬液并倒入盛有玻璃珠的锥形瓶中，强烈振荡 10min，以打碎菌块制成单菌悬液，用血球计数板在显微镜下直接计数。调整细胞浓度为 10^8 CFU/mL。

（2）平板制作

将牛肉膏蛋白胨培养基灭菌后，冷至 45℃ 左右倒平板。待平板完全冷却后，取 0.1mL 链霉素用无菌棒涂布于平板上。其中留三块平板不涂布链霉素作为对照。

（3）诱变处理

①预热：正式照射前开启紫外灯预热 30min。

②搅拌：取制备好的菌悬液 5mL 移入 6cm 的无菌培养皿中，放入无菌磁力搅拌棒，将培养皿置磁力搅拌器上 20W 紫外灯下 30cm 处。

③照射：然后打开皿盖边搅拌边照射，剂量分别为 5s、10s、15s。可以累积照射，照射完毕先盖上皿盖，再关闭搅拌和紫外灯。所有操作必须在红灯下进行。

（4）稀释涂平板

在红灯下分别取未照射的菌悬液（作为对照）和照射过的菌悬液各 0.5mL 进行适当稀释分离。取最后 3 个稀释度的稀释液涂于牛肉膏蛋白胨平板上，每个稀释度涂 3 个平板，每个平板加稀释液 0.1mL，用无菌玻璃刮棒涂匀，37℃培养 48h（用黑布包好平板）。注意在每个平板背后要标明处理时间、稀释度、组别。

2. 计算存活率及致死率

（1）存活率

将培养 48h 后的平板取出进行细胞计数。根据平板上菌落数，计算出对照样品 1mL 菌液中的活菌数。

$$存活率 = \frac{处理后 1mL 菌液中活菌数}{对照 1mL 菌液中活菌数}$$

（2）致死率

$$致死率 = \frac{(对照\,1mL\,菌液中活菌数 - 处理后\,1mL\,菌液中活菌数)}{对照\,1mL\,菌液中活菌数}$$

（3）突变率

$$自发突变率 = \frac{诱变前样品中\,Str\,抗性菌数}{诱变前活菌数}$$

$$突变率 = \frac{后培养以后样品中\,Str\,抗性菌数}{后培养以后样品中的活菌数}$$

同样计算用紫外线处理 5s、10s、15s 后的存活细胞数及致死率。

3. 诱变后培养

①取 1mL 诱变处理好的菌悬液接入牛肉膏蛋白胨液体培养基中进行后培养，37℃ 120r/min 摇瓶避光培养。

②对后培养的菌悬液进行平板菌落计数。

4. 菌株的筛选

①将经过诱变后培养的菌悬液适当稀释后，分别涂布于含最小抑制浓度的链霉素培养基平板上，37℃培养，长出的菌落即为链霉素抗性突变株。

②计抗性菌落数，计算诱发突变率，观察紫外诱变的效果。

五、 结果与讨论

将实验结果按表要求如实填入，并分别算出存活率及致死率。

照射时间	5s			10s		
稀释倍数						
菌落数						
平均菌落数						
存活率/%						
致死率/%						

实验七
大肠杆菌营养缺陷型菌株的诱变和筛选鉴定

一、 实验目的

（1）了解营养缺陷型突变株选育的原理。

（2）学习并掌握细菌氨基酸营养缺陷型的诱变、筛选与鉴定方法。

二、 实验原理

营养缺陷型是指野生型菌株由于某些物理因素或化学因素，使编码合成代谢途径中某些酶的基因突变，丧失了合成某些代谢产物（如氨基酸、维生素）的能力，必须在基本培养基中补充该种营养成分，才能正常生长的一类突变株。这类菌株可以通过降低或消除末端产物浓度，在代谢控制中解除反馈抑制或阻遏，而使代谢途径中间产物或分支合成途径中末端产物积累。营养缺陷型菌株已广泛应用于氨基酸、核苷酸生产中；也可作为供体和受体细胞的遗传标记用于遗传学分析、微生物代谢途径的研究及细胞和分子水平基因重组研究中。因此，营养缺陷型在工业上有重要的应用价值。营养缺陷型是由野生型菌株突变产生，营养缺陷型经回复突变，恢复野生表型得到原养型。

诱变育种是人为地采用物理、化学的因素，诱导有机体产生遗传变异，并经过人工选择、鉴定、培育新品种的方法。诱变育种的目标是改变或增加一个满意品种的某一特性，而在其他方面保持不变。诱变育种具有以下特点：①提高突变率，扩大变异谱；②适于进行个别性状的改良；③育种程序简单，年限短；④变异的方向和性质不定。紫外线是应用最早的诱变剂。紫外线诱变具有简便易行、诱变效果良好、可大幅提高菌株的生产特性等优点，迄今仍是实验室和工业上常用的诱变手段。

为了获得营养缺陷型菌株，需从诱变处理后的菌液中认真筛选，以便检出突变体，常用的方法有：影印接种法、夹层培养法和点种法、限量补充培养法。筛选营养缺陷型菌株一般具有四个环节：诱变处理、营养缺陷型的浓缩、检出、鉴定缺陷型。本实验选用紫外线为诱变剂来诱发突变，并用青霉素法淘汰野生型，用逐个测定法检出缺陷型，最后经生长谱法鉴定细菌的营养缺陷型。利用青霉素特异性杀死野生型细胞，保留营养缺陷型细胞。青霉素能抑制细菌细胞壁的合成，所以只能杀死生长繁殖中的细菌，而不能杀死停止繁殖的细菌。在基本培养基中添加青霉素，野生型细菌能够生长繁殖，会被杀死，而营养缺陷型不被杀死，得以浓缩。

营养缺陷型的检出是通过一系列培养基实现的。基本培养基（MM）——能满足野生型和原养型菌株最低营养要求的合成培养基。完全培养基（CM）——能满足各种营养缺陷型菌株营养要求的天然培养基或半合成培养基。诱变后的菌体经富集培养后，涂布于 CM 平板上，将长出的菌落按一定排列次序逐个地点种到 MM 平板、CM 平板的相应位置。培养后，在 CM 培养基上有菌落生长，而在 MM 培养基的相应位置上没有生长的菌落，可能是营养缺陷型。挑取菌体分别接种于 MM 培养基、CM 培养基上进一步复证。

在同一平皿上测定一种营养缺陷型菌株对多种生长因子的需求情况，称为生长谱测定。将所得营养缺陷型菌株的菌悬液与 MM 培养基混合倾注平板。凝固后，在标定的位置上加少量特定的生长因子（氨基酸、碱基等结晶粉末）。经培养后，出现浑浊生长圈的位置所对应的生长因子即为该营养缺陷型不能合成的营养物质，此菌株即为该物质对应的营养缺陷型。

三、 实验材料

1. 菌种

E. coli。

2. 培养基

①LB 培养基：酵母膏 0.5g，胰蛋白胨 1g，NaCl 0.5g，蒸馏水 100mL，pH7.2，121℃灭菌 15min。

②2×LB 培养液：其他不变，蒸馏水 50mL。

③基本培养基：葡萄糖 0.5g，（NH_4）$_2SO_4$ 0.1g，柠檬酸钠 0.1g，$MgSO_4 \cdot 7H_2O$ 0.02g，K_2HPO_4 0.4g，KH_2PO_4 0.6g，蒸馏水 100mL，pH7.2，110℃灭菌 20min。配制固体培养基时需加 2%洗涤处理过的琼脂。全部药品需用分析纯，使用的器皿需用蒸馏水或重蒸水冲洗 2~3 次。

④无 N 基本培养基：K_2HPO_4 0.7g，KH_2PO_4 0.3g，柠檬酸钠 0.5g，$MgSO_4 \cdot 7H_2O$ 0.01g，葡萄糖 2g；蒸馏水 100mL，pH7.0，110℃灭菌 20min。

⑤2N 基本培养基：K_2HPO_4 0.7g，KH_2PO_4 0.3g，柠檬酸钠·$3H_2O$ 0.5g，$MgSO_4 \cdot 7H_2O$ 0.01g，（NH_4）$_2SO_4$，0.2g，葡萄糖 2g，蒸馏水 100mL，pH7.0，

110℃灭菌 20min。

⑥完全培养基：同 LB 培养基，配制固体培养基时，需加 2% 的琼脂。

⑦混合氨基酸和混合维生素。

四、 实验步骤

1. 菌悬液制备

①取 *E. coli* K12 一环加入到 10mL LB 培养液中，在 37℃ 下过夜培养。

②取 0.3μL 菌液转接到 10mL LB 培养液中，在 37℃ 摇床上振荡培养 4 ~ 6h，使细胞处在对数生长期。

③取适量菌液加入到 5mL 离心管中，7000r/min 离心 3 ~ 4min，离心 2 次，弃上清液，打匀沉淀，各加入 4mL 无菌生理盐水，充分振荡混匀。

2. 诱变处理

①取 3mL 菌悬液，加入到 7cm 培养皿内，轻轻振荡使其均匀在皿底形成一薄层。平放在灭菌的超净工作台上，盖盖灭菌 1min，然后打开皿盖照射 2min（15W）。

②诱变后处理：取 3mL 诱变后菌液加入到离心管中，7000r/min 离心 3 ~ 4min，弃上清，加入 4mL 生理盐水离心洗涤 2 次，重悬于 3mL 生理盐水中，取 0.2μL 加入到 5mL 2×LB 基本培养基内，37℃ 培养过夜。

3. 检出缺陷性菌株

①初筛：从培养 12h、16h、24h 的菌液中，各取 100μL，分别在 LB 完全培养基和基本培养基上涂布 2 个平板，做好标记，在 37℃ 下培养 36h。

②复筛：挑取完全培养基上长出的菌落 200 个，分别点种在基本培养基和完全培养基上，37℃ 过夜培养。

4. 复证

挑取 LB 完全培养基上有而基本培养基上没有的菌落，在基本培养基上划线复证，并在完全培养基上保留备份，37℃ 过夜培养。24h 后仍不长菌的为缺陷型。

5. 生长谱鉴定

（1）营养缺陷型浓缩（淘汰野生型）

吸菌液 5mL 于离心管中，3500r/min 离心 10min，弃上清。离心洗涤两次（加生理盐水至原体积，打匀沉淀，离心，弃上清，重复一次），最后加生理盐水制成 5mL 菌悬液。取 0.1mL 菌液于 5mL 无 N 基本培养基中，37℃培养 12h。加入 2N 基本培养基 5mL，加 50000U/mL 青霉素钠盐溶液 100μL，使青霉素在溶液中的最终浓度约为 500U/mL，再放入 37℃培养。

从培养 12h、14h、16h、24h（根据实际情况，选择 2～3 个时间段）的菌液中分别取 0.1mL 菌液到基本培养基及完全培养基两个培养皿中，涂布，37℃培养。

（2）营养缺陷型检出

上述平板培养 36～48h 后，进行菌落计数。选取完全培养基上长的菌落数大大超过基本培养基的那一组，用灭菌牙签挑取完全培养基上长出的菌落 100 个，分别点种于基本培养基和完全培养基上（先基本，后完全），37℃培养。

选在基本培养基上不长，但在完全培养基上生长的菌落，在基本培养基上划线，37℃培养 24h，无菌落生长的是营养缺陷型。

（3）营养缺陷型鉴定

在同一平皿上测定一种缺陷型菌株对许多种生长因子的需求情况为生长谱法。

单一生长因子：鉴定氨基酸或维生素的营养缺陷型，较为简便的方法是分组测定法。将 21 种氨基酸组合 6 组，每 6 种不同氨基酸归为一组。

组别	氨基酸组合					
1	赖氨酸	精氨酸	蛋氨酸	胱氨酸	亮氨酸	异亮氨酸
2	缬氨酸	精氨酸	苯丙氨酸	酪氨酸	色氨酸	组氨酸
3	苏氨酸	蛋氨酸	苯丙氨酸	谷氨酸	脯氨酸	天冬氨酸
4	丙氨酸	胱氨酸	酪氨酸	谷氨酸	甘氨酸	丝氨酸
5	鸟氨酸	亮氨酸	色氨酸	脯氨酸	甘氨酸	谷氨酰胺
6	胍氨酸	异亮氨酸	组氨酸	天冬氨酸	丝氨酸	谷氨酰胺

生长谱的测定：将检出的营养缺陷型菌落接种于 5mL LB 液试管中，37℃培养 14～16h。

培养 16h 的菌液在 3500r/min、10min 条件下离心，弃上清，加生理盐水，打匀沉淀，再次离心。加 5mL 生理盐水制成菌悬液。取其 1mL 于培养皿中，加入融化后冷却到 40～50℃的基本培养基，混匀，平放，共二皿。平板表面分别放上浸有混合氨基酸（或酪素水解液）的滤纸片，30℃培养 24h，经培养后营养物质周围有生长圈，即表明该菌株为氨基酸的营养缺陷型菌株。将皿底分成分格，用接种环依次放入少许混合氨基酸，37℃培养

24h，观察生长情况，确定是哪种氨基酸营养缺陷型。

五、 结果与讨论

（1）诱变过程中要注意哪些要素？

（2）举例说明营养缺陷型菌株在发酵工业上的应用。

实验八
微生物菌种保藏方法

一、 实验目的

掌握常用的菌种保藏方法。

二、 实验原理

微生物具有容易变异的特性，因此，在保藏过程中，必须使微生物的代谢处于最不活跃或相对静止的状态，才能在一定的时间内使其不发生变异而保持生活能力。低温、干燥和隔绝空气是使微生物代谢能力降低的重要因素，所以，菌种保藏方法虽多，但都是根据这三个因素而设计的。保藏方法大致可分为以下几种。

1. 传代保存法

传代培养就是要定期地进行菌种转接、培养后再保存，它是最基本的微生物保存法，例如酸奶等常用生产菌种的保存。

传代保存时，培养基的浓度不宜过高，营养成分不宜过于丰富，尤其是碳水化合物的浓度应在可能的范围内尽量降低。培养温度通常以稍低于最适生长温度为好。若为产酸菌种，则应在培养基中添加少量碳酸钙。

一般地，大多数菌种的保藏温度以5℃为好，像厌氧菌、霍乱弧菌及部分病原真菌等微生物菌种则可以使用37℃进行保存，而蕈类等大型食用菌的菌种则可以室温直接保存。

传代培养保存法虽然简便，但其缺点也很明显，如：①菌种管棉塞经常容易发霉；②菌株的遗传性状容易发生变异；③反复传代时，菌株的病原性、形成生理活性物质的能力以及形成孢子的能力等均有降低；④需要定期转种，工作量大；⑤杂菌的污染机会较多。

2. 液体石蜡覆盖保存法

该法较前一种方法保存菌种的时间更长，适用于霉菌、酵母菌、放线菌及需氧细菌等的保存。此法可防止干燥，并通过限制氧的供给而达到削弱微生物代谢作用的目的。其具有方法简便的优点，同时也适用于不宜冷冻干燥的微生物（如产孢能力低的丝状菌）的保存，而某些细菌如固氮菌、乳酸杆菌、明串珠菌、分枝杆菌、红螺菌及沙门氏菌等和一些真菌如卷霉菌、小克银汉霉、毛霉、根霉等不宜采用此法进行保存。

3. 载体保存法

即将微生物吸附在适当载体上进行干燥保存的方法。常用的方法包括以下几种。

（1）土壤保存法

主要用于能形成孢子或孢囊的微生物菌种的保藏。方法是在灭菌的土壤中加入菌液，立即在室温下进行干燥或使菌体繁殖后再干燥，然后冷藏或在室温下密封保存。保存用的土壤原则上以肥沃的耕土为宜，土壤需风干、粉碎、过筛和灭菌。使微生物在土壤中繁殖后进行干燥保存的方法是：取适量土壤（5g）置于塞有棉塞的试管中，加水或加入充分稀释的液体培养基（以含水量为土壤最大持水量的 60% 为宜），然后高压灭菌。再将需保存的微生物进行大量接种，培养至菌丝能用肉眼确认的程度为止，移入干燥器中经短时间干燥或风干后密封，冷藏或室温保存。

（2）砂土保存法

取清洁的砂，过 60 目筛后去掉大砂粒，并用磁铁吸去砂中铁屑，再用 NaOH 溶液、10% HCl 溶液和水交替清洗数次，干燥后，置于试管或安瓿瓶中保持 $2 \sim 3cm$ 深，经干热灭菌后，加入 1mL 菌种培养液，经充分混匀后，放入真空干燥器中，完全干燥后熔封保存。也可用二份洗净的砂（经 HCl 预处理）和一份贫瘠、过筛的黄土掺和后灭菌，再进行菌种保藏。

（3）硅胶保存法

以 $6 \sim 16$ 目的无色硅胶代替砂子，干热灭菌后，加入菌液。加菌液时，由于硅胶的吸附热常使温度升高，因而需设法加以冷却。

（4）磁珠保存法

将菌液浸入素烧磁珠（或多孔玻璃珠）后再进行干燥保存的一种方法。在螺旋口试管中装入 1/2 管高的硅胶（或无水 $CaSO_4$），上铺玻璃棉，再放上 $10 \sim 20$ 粒磁珠，经干热灭菌后，接入菌悬液，最后冷藏、室温保藏或减压干燥后密封保藏。本法对保藏酵母菌很有效，特别适用于根瘤菌，可保存长达两年半时间。

（5）麸皮保存法

在麸皮内加入 60% 的水，经灭菌后接种培养，最后干燥保藏。

（6）纸片（滤纸）保存法

将灭菌纸片浸入培养液或菌悬液中，常压或减压干燥后，置于装有干燥剂的容器内进行保存。

4. 悬液保存法

即使微生物混悬于适当溶液中进行保存的方法。常用的方法有两种。

①蒸馏水保存法：适用于霉菌、酵母菌及绝大部分放线菌，将其菌体悬浮于蒸馏水中即可在室温下保存数年。本法应注意避免水分的蒸发。

②糖液保存法：适用于酵母菌，如将其菌体悬浮于10%的蔗糖溶液中，然后于冷暗处保存，可长达10年。除此之外，也可使用缓冲液或食盐水等进行保存。

5. 寄主保存法

即令微生物侵入其寄主后加以保存的方法。

6. 冷冻保存法

适用于抗冻力强的微生物。这些微生物可在其菌体细胞外遭受冻结的情况下而不受损伤，而对其他大多数微生物而言，无论在细胞外冻结还是在细胞内冻结，都会对菌体造成损伤，因此当采用这种保藏方法时，应注意以下几点。

①要选择适于冷冻干燥的菌龄细胞。

②要选择适宜的培养基，因为某些微生物对冷冻的抵抗力常随培养基成分的变化而显示出巨大差异。

③要选择合适的菌液浓度，通常菌液浓度越高，生存率越高，保存期也越长。

④最好在菌液内不添加电解质（如食盐等）。

⑤可在菌液内添加甘油等保护剂，以防止在冷冻过程中出现菌体大量死亡的现象。同样，也可添加各种糖类、去纤维血液和脱脂牛乳等具有良好保护效果的溶剂，但对有些微生物而言，不加保护剂时效果更好。

⑥原则上应尽快进行冷冻处理，但当加入保护剂时，可静置一段时间后再进行处理。

⑦就动物细胞而言，应在 $-20℃$ 范围内以 $1℃/min$ 左右的速度缓慢降温，此后必须尽快降到贮藏温度；而对绝大多数微生物而言，则不必如此，如结构较为复杂的原虫则可在 $-35℃$ 范围内进行缓慢降温，而噬菌体则必须采用上述的两阶段法进行冷冻。

⑧若进行长期保存，则贮藏温度越低越好。

⑨取用冷冻保存的菌种时，应采取速融措施，即在 $35 \sim 40℃$ 温水中轻轻振荡使之迅速融解。而就厌氧菌来说，则应选择静置融化的措施。当冷冻

菌融化后，应尽量避免再次冷冻，否则菌体的存活率将显著下降。

常用的冷冻保存法如下。

①低温冰箱保存法（－20℃、－50℃或－85℃）：低温冷冻保存时使用螺旋口试管较为方便，也可在棉塞试管外包裹塑料薄膜。保存时菌液量不宜过多，有些可添加保护剂。此外，也可用 φ5mm 的玻璃珠来吸附菌液，然后把玻璃珠置于塑料容器内，再放入低温冰箱内进行保存的。

②干冰保存法（－70℃左右）：即将菌种管插入干冰内，再置于冰箱内进行冷冻保存。

③液氮保存法（－196℃）：是适用范围最广的微生物保存法。其操作步骤是：a. 装安瓿瓶：使用尽量浓厚的菌体悬浮于含有适当防冻剂（保存霉菌不用防冻剂）的灭菌溶液中，将 0.2～1mL 的这种溶液分装于安瓿瓶中，或在装有分散剂的安瓿瓶中直接接种，或将菌丝体琼脂块直接悬浮于分散剂中。b. 熔封安瓿瓶：若直接贮存于气相液氮中（－170～－150℃）时，则不需熔封。c. 检查安瓿瓶是否熔封良好：即在 4℃ 下，将熔封安瓿瓶在适当的色素溶液中浸泡 2～30min 后，观察有无色素进入安瓿瓶。d. 缓慢冷却：将熔封安瓿瓶置于小罐中，然后用液氮以约 1℃/min 的速度冷却至 －25℃左右，也可在 －25～－20℃ 的冰箱内缓慢冷却 30～60min。e. 速冷：最后浸入液氮中快速冷却至 －196℃。

7. 冷冻干燥保存法

其原理是首先将微生物冷冻，然后在减压下利用升华现象除去水分。事实上，从菌体中除去大部分水分后，细胞的生理活动就会停止，因此可以达到长期维持生命状态的目的。该方法适用于绝大多数微生物菌种（包括噬菌体和立克次氏体等）的保存。

在进行冷冻干燥时，需注意以下几个问题。

①冷冻干燥前的培养条件：首先检验菌种纯度。一般地说，将待保存的微生物在营养丰富且容易增菌的培养基上进行培养为宜；菌龄以达到对数生长期为好；若为有芽孢或孢子的微生物，则以芽孢和孢子形成以后进行保存为好；菌液浓度以高为好，如细菌应达到 $10^9 \sim 10^{10}$ 个/mL。

②菌株号码等信息的标记：可在安瓿瓶外侧标记或在安瓿瓶内封入标签。

③安瓿瓶的准备：将安瓿瓶在 2% HCl 中浸泡过夜，自来水冲洗 3 次后，蒸馏水刷净，干燥，塞棉塞，干热灭菌或温热灭菌后，60℃恒温干燥。

④添加保护剂：常用的保护剂有脱脂乳、12% 蔗糖、加 7.5% 葡萄糖的

普通肉汤以及加 7.5% 葡萄糖的血清等。

8. Bordelli 氏法

取干净的小试管（8mm×60mm）塞上棉塞，灭菌。用灭菌的脱脂牛乳洗脱试管斜面上的菌苔，制成浓厚菌悬液。然后用无菌吸管将菌悬液滴入小试管底部。每管一滴，然后转动小试管使菌液分散在试管底部的壁上。标记菌名。将小试管装在 15mm×150mm 的试管中，在大试管底部事先装上 1.5cm 高的 P_2O_5 或 KOH，管口用带玻璃管的橡皮塞塞紧，蜡封。将大试管与真空泵连通，抽真空至 0.1~0.2mm 汞柱时，将玻璃管熔封，置室温暗处或冰箱保存。

三、 实验材料

①斜面菌种：丝状真菌，酵母菌，芽孢杆菌和无芽孢杆菌各一支。

②接种用具一套。

③灭菌物品 1mL 和 5mL 吸管，长滴管，安瓿瓶，9mL 无菌水试管，砂土管，液体石蜡，脱脂牛乳。其中，液体石蜡的处理为 $1.5kgf/cm^2$ 压力灭菌 1h，或 $1kgf/cm^2$ 压力灭菌 3 次，每次 30min。接着检查是否彻底无菌，即接入肉汤中检查有无杂菌生长。最后放在 60~80℃ 烘烤以去除水分。脱脂牛乳的处理为 2000r/min，离心 10min，脱脂，然后 $0.5kgf/cm^2$ 压力灭菌 20min，或间歇灭菌 3 次，每次 20min，经检查无菌后备用。

④P_2O_5、无水 $CaCl_2$ 各 1 瓶。

⑤真空干燥器，真空泵。

四、 实验步骤

1. 液体石蜡覆盖法

取待保存的菌种斜面，用 5mL 无菌吸管向内加入灭菌石蜡，要求液体石蜡高出菌斜面 1cm 左右，若不够此高度，则常会引起斜面抽干现象。

2. 砂土管法

用 1mL 无菌吸管吸取 0.2~0.5mL 菌悬液，滴入砂土管中，充分混匀后，将砂土管放入真空干燥器内，抽干，真空干燥器内需放置无水 $CaCl_2$。最后，将干燥好的砂土管取出，迅速于火焰上蜡封管口，并在室温下或冰箱中进行保存。

3. 冷冻干燥保藏法

①用灭菌长滴管取出 2 滴（约 0.1mL）无菌脱脂牛乳，置于无菌安瓿瓶中，然后用另一支无菌滴管取出等体积的浓菌液，同样置于此安瓿瓶中，充分混匀。

②集中安瓿瓶置于 100mL 烧杯中，将烧杯装进真空冷冻干燥器的钟罩内，开机并开冷却水后，使菌液在 −20℃温度下迅速冻结成固体，然后抽真空使水分升华，2h 后，可以停止冷冻并在稍高的温度下进行干燥，直至水分全干为止。

③最后取出安瓿瓶，并将其与真空泵连接，再抽真空后，迅速将安瓿瓶熔封，最后冰箱保存。

4. 甘油管保藏法

在 5mL 菌种保藏管中，将等体积的菌悬液和 40% 的甘油充分混匀后，于 −20℃冰箱中保存。

五、 注意事项

①冷冻干燥法要选择适宜的培养基，因为某些微生物对冷冻的抵抗力常随培养基成分的变化而显示出巨大差异。

②要选择合适的菌液浓度，通常菌液浓度越高，生存率越高，保存期也越长。

六、 结果与讨论

（1）设计菌种保藏方法时，应考虑从哪几个因素入手？

（2）冷冻干燥法保藏微生物时应注意哪些问题？

第二部分　应用实验

实验九
发酵培养基优化

一、实验目的

（1）掌握发酵培养基的配制方法。

（2）熟悉用正交试验优化发酵培养基的方法。

（3）学习用比浊法测定发酵液菌浓度的方法。

二、实验原理

对于一个生物作用过程，其结果或产物的得到受到多种因素的影响。如发酵中，菌种接入量、酶的浓度、底物浓度、培养温度、pH 值、菌种生长环境中的氧气和二氧化碳浓度、各种营养成分种类及其比例等。对于这种多因素的实验，如何合理地设计实验，提高效率，以达到所预期的目的是需要进行认真考虑和周密准备的。正交实验法是安排多因素、多水平的一种实验方法，即借助正交表的表格来计划安排实验，它是从全面实验中挑选出部分有代表性的点进行实验，这些有代表性的点具备了"均匀分散，齐整可比"的特点，是一种高效率、快速、经济的实验设计方法。

正交表记作 $L_a(b^c)$。其中，L 为正交表的符号；a 为表的行数（可安排实验的次数）；b 为表中的字码数（水平数）；c 为表的列数（最多可安排因素的个数）。

优化步骤如下。

（1）明确任务，确定指标

（2）制定因素水平表

①确定因素（A、B、C——）

②选择因素的变化范围

③确定因素水平数

④制定因素水平表

例如：

因素 水平	A（淀粉/%）	B（黄豆饼粉/%）	C（蛋白胨/%）
1	5	3	0.2
2	7	5	0.4
3	9	7	0.6

（3）设计实验方案

①表头设计

②列出实验方案

③进行实验

（4）分析实验结果

通过对每一因素的平均极差来分析问题。所谓极差就是平均效果中最大值和最小值的差。有了极差，就可以找到影响指标的主要因素，并可以帮助我们找到最佳因素水平的组合。极差的大小反映在所选择的因素水平范围内该因素对测定结果影响的程度。极差大的因素在所选择的因素水平范围内对测定结果的影响最大，在测试过程中必须严格控制。

然后对计算结果进行分析，分析各因素的主次和影响趋势，找到最优实验方案。

比较 R_A、R_B、R_C 值，R 值越大的因素，影响越大，控制要越严格，R 值越小的因素，影响越小。

对每一个因素，选择 K 值最大的水平为最佳条件。如对于因素 A 淀粉，若 $K_2 > K_1 > K_3$，即 K_2 最大，根据因素水平表中的设计，其水平为7%。表明7%为最佳的淀粉浓度。对于因素 B，K_2 最大，对于因素 C，K_3 最大。

则实验的最佳实验条件为：$A_2B_2C_3$，即最佳实验条件为：淀粉7%，黄豆饼粉5%，蛋白胨0.6%。

若某一因素 K_3 或者 K_1 最大，则说明所选择的该因素的水平范围不合适，如：对于因素 C，K_3 最大，说明因素水平表中所设计的最高水平0.6%不一定为最佳。如果该因素的 R 值较大，影响较显著，则必须进行重复实验或对照实验。

实验号 \ 因素	A	B	C	结果
1	1	1	1	X_1
2	1	2	2	X_2
3	1	3	3	X_3
4	2	1	3	X_4
5	2	2	1	X_5
6	2	3	2	X_6
7	3	1	2	X_7
8	3	2	3	X_8
9	3	3	1	X_9
K_1	$(X_1+X_2+X_3)$ /3	$(X_1+X_4+X_7)$ /3	$(X_1+X_5+X_9)$ /3	
K_2	$(X_4+X_5+X_6)$ /3	$(X_2+X_5+X_8)$ /3	$(X_2+X_6+X_7)$ /3	
K_3	$(X_7+X_8+X_9)$ /3	$(X_3+X_6+X_9)$ /3	$(X_3+X_4+X_8)$ /3	
极差	$K_{最大}-K_{最小}$	$K_{最大}-K_{最小}$	$K_{最大}-K_{最小}$	$K_{最大}-K_{最小}$

其中对照实验条件应为：

实验1：$A_2B_2C_3$

实验2：$A_2B_2C_4$

C_4 应大于 C_3。

对照两者的结果，若实验1结果值大于实验2，则实验1条件即为最优化条件。若实验2结果值大于实验1，则应再改变因素 C 的水平，继续做对照实验，直至达最佳结果。

本实验以菌体生物量为指标，用四因素三水平的正交试验确定大肠杆菌的最优培养基。细菌培养物在生长过程中，由于原生质含量的增加，会引起培养物浑浊度的增高。细菌悬液的浑浊度与透光度成反比、与光密度成正比，透光度或光密度可借助光电比浊计精确测出，因此可用光电比浊计测定细胞悬液的光密度（OD 值），表示该菌在特定实验条件下的细菌相对数目，进而反映出其相对生长量。

三、 实验材料

大肠杆菌、蛋白胨酵母浸膏培养基。

四、 实验步骤

1. 培养基的配制

将酵母浸膏、蛋白胨、氯化钠作为培养基的主要影响因素，每一因素设定 3 个水平，进行三因素三水平的正交试验，试验设计如表 9-1。

表9-1 正交试验设计

水平 \ 因素	A（酵母浸膏/%）	B（蛋白胨/%）	C（氯化钠/%）	D（pH）
1	0.2	0.5	0.5	6
2	0.5	1	1	7
3	0.8	1.5	1.5	8

按表 9-1 配制 9 组培养基入 100mL 锥形瓶中，每瓶 25mL。

实验号 \ 因素	A（酵母浸膏/%）	B（蛋白胨/%）	C（氯化钠/%）	D（pH）	OD 值
实验 1	1 (0.2)	1 (0.5)	1 (0.2)	1 (6)	
实验 2	1 (0.2)	2 (1)	2 (0.5)	2 (7)	
实验 3	1 (0.2)	3 (1.5)	3 (0.8)	3 (8)	
实验 4	2 (0.5)	1 (0.5)	2 (0.5)	3 (8)	
实验 5	2 (0.5)	2 (1)	3 (0.8)	1 (6)	
实验 6	2 (0.5)	3 (1.5)	1 (0.2)	2 (7)	
实验 7	3 (0.8)	1 (0.5)	3 (0.8)	2 (7)	
实验 8	1 (0.2)	1 (0.5)	1 (0.2)	1 (6)	
实验 9	1 (0.2)	2 (1)	2 (0.5)	2 (7)	

2. 灭菌

标记锥形瓶培养基，加棉塞，报纸包扎。1mL 移液管 2 支。121℃，灭菌 20min。

3. 接种

将菌种摇匀后用无菌移液管吸取 0.5mL 悬液，接到每一组培养基中（接种量要完全一样）。

4. 发酵

将三角瓶置于恒温摇床中，37℃，120r/min 培养 12h。

5. 比浊法测定各发酵液 OD 值

取下摇瓶，以空白培养基为对照，于 600nm 处测定各摇瓶中发酵液的 OD 值，填入表中。注意：如果 OD 值过大，需将发酵液作一定稀释后再测定。

6. 填写正交试验表

分析数据，确定最优培养基配方。

五、 结果与讨论

（1）最佳培养基配方为何种组合？是不是 9 组实验之一？

（2）培养基优化还有哪些方法？

实验十
柠檬酸产生菌的分离及柠檬酸的固体发酵

一、 实验目的

（1）学习从环境中选出能产柠檬酸的霉菌，了解从环境中获得目的菌种的一般方法。

（2）掌握柠檬酸的发酵、提取、检测方法。

二、 实验原理

柠檬酸发酵是利用微生物在一定条件下的生命代谢活动而获得产品的。不论采用何种菌株，柠檬酸发酵都是典型的好氧发酵。工业上的好氧发酵法基本上有三种，即表面发酵、固体发酵和深层发酵。前两种方法利用空气中的氧气，后者则是利用液体中的溶解氧。至今在柠檬酸发酵工业中，上述三种发酵工艺均并存。虽然液体深层发酵法已大量代替了固体发酵法，但由于一些废渣的再利用及投资较少的缘故，在一些地方浅层固体法生产柠檬酸仍在使用中。适合于固体发酵法生产柠檬酸的原料诸如：甘薯渣、木薯渣、苹果渣和甘蔗渣等。

柠檬酸的固体发酵工艺分为浅层法和厚层法，均是将发酵原料、辅料及菌体放在疏松的固体支持物上，经过微生物的代谢活动，将原料中的可发酵成分转化为柠檬酸的过程。黑曲霉发酵糖类生成柠檬酸的能力很强，其主要特征是耐酸性极强，在 pH 1.6 的情况下，仍能良好生长。利用这一特点，采用 pH 1.6 的酸性营养滤纸即可分离该菌种；发酵产物中柠檬酸为多盐有机酸，能与 $CaCO_3$ 形成沉淀，利用钙盐法即可检测。

三、 实验材料

1. 样品

霉烂的橘皮。

2. 培养基

①酸性蔗糖培养基

蔗糖 15% ，NH_4NO_3 0.2%，KH_2PO_4 0.1%，$MgSO_4 \cdot 7H_2O$ 0.25%，用盐

酸调 pH≤2.0，121℃灭菌 20min。

②固体发酵培养基

米糠：麸皮 =2:1，65% 水分（每 50g 加水 45mL），121℃灭菌 30min。

3. 试剂

① 0.1mol/L NaOH 溶液，1mol/L 盐酸。

② 0.5% 酚酞指示剂：0.5g 酚酞，溶于 100mL 95% 乙醇中。

4. 仪器

白瓷托盘，保鲜膜，切刀，菜板，培养皿（带滤纸），250mL 三角瓶，摇床，恒温培养箱，灭菌锅，酸碱滴定管，纱布，牛皮纸。

四、 实验步骤

1. 深层液体发酵

①菌种分离：取霉烂橘皮一小块切碎，放入 10mL 三角瓶中，振荡 3 ~ 5min。然后用水稀释 5 ~ 10 倍。

②菌种纯化：取稀释液 0.5 ~ 1mL 放入酸性培养基上（稀释液：培养基 =1:10），摇匀，倾倒在平皿中的滤纸上，25℃ 培养 2 ~ 3d 即有菌落产生。

③发酵：将培养出的霉菌接种入液体酸性蔗糖发酵培养基中（25mL/250mL 三角瓶），30℃摇床培养 2 ~ 3d，过滤，收集发酵液。

2. 浅层固体发酵

①培养基制备。

将米糠：麸皮按照 2:1 的比例配料，加 65% 的水分（每 50g 加水 45mL）拌匀后按 15g/250mL 分装到三角瓶中，用纱布牛皮纸封扎瓶口，于 121℃，灭菌 30min。

②接种。

③将培养基趁热打散，待降温到 37℃，即可将黑曲霉孢子接种到其中，振荡混匀。

④发酵培养温度 30 ~ 32℃，经 24h 培养后摇瓶一次，测 pH；将三角瓶放平后继续培养 24h 左右，使培养基结成块状。此时应充分搅拌分散使之通气并散热，测 pH；再培养 72h 使瓶内长满丰盛的孢子即可出料，测 pH。

⑤产物检测。

柠檬酸鉴定：取 5mL 发酵液于试管中，滴入饱和 $CaCO_3$ 溶液，有白色沉淀则证明有柠檬酸产生。

产酸量测定：取 10mL 发酵液（10g 醅样，加蒸馏水 100mL 浸泡 15min 后过滤得滤液），滴加 0.5% 酚酞指示剂 2 滴，用 0.1mol/L 标准 NaOH 溶液滴定至淡粉红色，计算产酸量（标准滴定法）。

五、 结果与讨论

（1）将发酵全过程测定酸度的 pH 值绘制成曲线图。

（2）计算出实际实验发酵液的产酸量。

实验十一
细菌生长曲线测定

一、 实验目的

（1） 了解细菌生长曲线特征。

（2） 学习液体培养基的配制以及注意事项。

（3） 学习液体种子和固体种子的不同接种方法和注意事项。

（4） 利用细菌悬液浑浊度间接测定细菌生长。

二、 实验原理

将一定量的细菌接种在液体培养基内，在一定的条件下培养，可观察到细菌的生长繁殖有一定规律性，如以细菌活菌数的对数作纵坐标，以培养时间作横坐标，可绘成一条曲线，称为生长曲线。

单细胞微生物发酵具有 4 个阶段，即调整期（迟滞期）、对数期（生长旺盛期）、平衡期（稳定期）、死亡期（衰亡期）。

生长曲线可表示细菌从开始生长到死亡的动态全过程。不同微生物有不同的生长曲线，同一种微生物在不同的培养条件下，其生长曲线也不一样。因此，测定微生物的生长曲线对于了解和掌握微生物的生长规律是很有帮助的。

测定微生物生长曲线的方法很多，有血细胞计数法、平板菌落计数法、称重法和比浊法等。本实验采用比浊法测定，由于细菌悬液的浓度与浑浊度成正比，因此，可以利用分光光度计测定菌悬液的光密度来推知菌液的浓度。

将所测得的光密度值（OD_{600nm}）与对应的培养时间作图，即可绘出该菌在一定条件下的生长曲线。注意，由于光密度表示的是培养液中的总菌数，包括活菌与死菌，因此所测生长曲线的衰亡期不明显。OD 值是反映菌体生长状态的一个指标，OD 是 optical density（光密度）的缩写，也称吸光度（absorbence，A），表示被检测物吸收掉的光密度，是指光线通过溶液或某一物质前的入射光强度与该光线通过溶液或物质后的透射光强度比值的以 10 为底的对数。通常 400～700nm 的波长都是微生物测定的范围，505nm 波长测菌丝菌体、560nm 波长测酵母、600nm 波长测细菌。

从生长曲线我们可以算出细胞每分裂一次所需要的时间，即代时，以 G 表示。其计算公式为：

$$G = (t_2 - t_1) / [(lgw_1 - lgw_2) / lg2]$$

式中，t_1 和 t_2 为所取对数期两点的时间；w_1 和 w_2 分别为相应时间测得的细胞含量（g/L）或 OD 值。

三、 实验材料

1. 材料

①大肠杆菌、枯草杆菌培养液及大肠杆菌平板。
②牛肉膏蛋白胨葡萄糖培养基（150mL/250mL 三角瓶×4 瓶/大组），配方：牛肉膏 5g，蛋白胨 10g，NaCl 5g，葡萄糖 10g，加蒸馏水至 1000mL，pH7.5。

2. 仪器

移液器，培养箱，摇床，分光光度计，无菌吸头，玻璃或塑料比色皿，参比杯。

四、 实验步骤

1. 准备菌种

将大肠杆菌、枯草杆菌分别接种到装有牛肉膏蛋白胨葡萄糖培养基的三角瓶中，37℃，200r/min 振荡培养 14～18h。另外准备大肠杆菌单菌落平板 1 块（37℃培养 24h）。

2. 接种

分别将 1.5mL（1%接种量）和 4～5mL（3%接种量）大肠杆菌菌液和一个大肠杆菌单菌落接入含 150mL 培养液的三角瓶中。37℃，200r/min 振荡培养；把 4.5mL 枯草杆菌（3%接种量）接入含 150mL 培养液的三角瓶中，37℃，200r/min 振荡培养。

3. 测量

选用 600nm 波长，每培养 1h 取样一次，用蒸馏水或未接种的培养基作为空白对照。净培养（不包括取样时间）10h 结束培养。零培养时间时也要测。对细胞密度大的培养液应适当稀释后测定，使其光密度值在 0.1～0.65 之内，经稀释后测得的 OD 值要乘以稀释倍数，才是培养液实际的 OD 值。测定 OD 值前，将待测定的培养液振荡，使细胞均匀分布。

五、 结果与讨论

（1） 测量记录 OD 值。

（2） 细胞浓度过大时为什么要进行稀释？

实验十二
制霉菌素发酵、提取及效价测定

一、 实验目的

（1）了解抗生素发酵的一般过程及发酵过程中一些重要理化指标检测方法。

（2）学习抗生素（制霉菌素）的提取纯化工艺。

二、 实验原理

制霉菌素（nystatin）是由诺尔斯链霉菌（*Streptomyces noursei*）产生的一种多烯大环内酯类（polyene macrolides）抗真菌抗生素。此类抗生素的结构特点是在分子中既有经内酯化作用而闭合的大碳环，又有一系列的共轭双键。

制霉菌素存在于菌丝体中，其纯品为淡黄色微细晶体；不溶于水、氯仿和丙酮等；稍溶于低级醇等；溶于吡啶、冰乙酸和 NaOH 溶液，但均能使其破坏而失效；对较高和较低的 pH 以及光和热均不稳定。临床上使用的制霉菌素，其主要成分为制霉菌素 A1，化学结构式如图 12-1 所示。

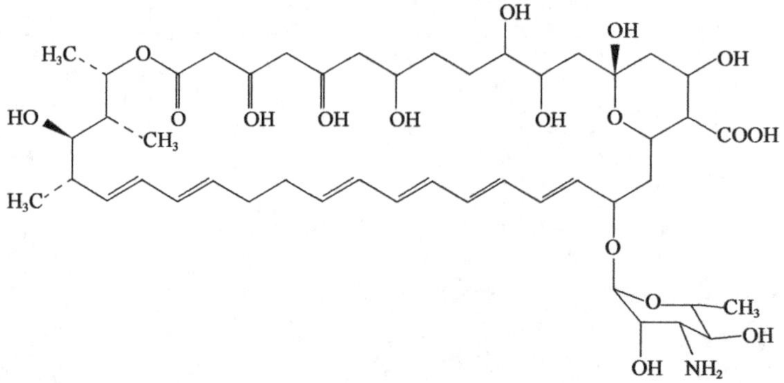

图 12-1　制霉菌素 A1 的化学结构式

制霉菌素对各种真菌如白色念珠菌、隐球菌、荚膜组织胞浆菌及球孢子菌等有抑制作用。主要用于白色念珠菌感染，如消化道念珠菌病、鹅口疮、念珠菌性阴道炎及外阴炎等。但口服治疗全身性真菌感染或深部真菌感染则无效。制霉菌素的作用机理是与真菌细胞膜上的特异甾醇相结合，导致原生质膜破坏，通透性改变，以致重要的细胞内容物外漏而致使细胞死亡，从而杀灭真菌。由于细菌原生质膜上不含甾醇，故本品对细菌无效；对肠道正常菌群也无作用。

抗生素液体发酵生产工艺共分为三大工序：种子制备、发酵和提取。配合三个工序进行分析化验和有关产物测定。具体而言，其过程为菌种→孢子制备→种子制备→发酵→发酵液预处理→提取与精制→成品包装。

菌种一般采用液氮超低温保藏或砂土管保藏。一般生产用菌种经多次转接往往会发生变异而退化，故必须经常进行菌种选育和纯化，以提高其生产能力。

生产用的菌株须经纯化和生产能力的检验，若符合规定，才能用来制备种子。制备孢子时，将保藏的处于休眠状态的孢子，经过严格的无菌程序，将其接种到经灭菌过的固体斜面培养基上，在一定条件下培养至孢子量符合生产需要，必要时可用大茄子瓶在固体培养基上扩大培养。

种子制备的目的是使孢子发芽、繁殖，以获得足够数量的菌丝，并接种到发酵罐中。种子制备可用摇瓶培养后再接入种子罐进行逐级扩大培养；或直接将孢子接入种子罐后再逐级放大培养。种子扩大培养级数的多少，决定于菌种的性质、生产规模的大小和生产工艺的特点。扩大培养级数通常为二级。

发酵过程的目的是使微生物大量分泌抗生素。发酵接种量一般为10%或10%以上，发酵周期视抗生素品种和发酵工艺而定。发酵期间，每隔一定时间应取样进行生化分析、镜检和无菌检验。分析或控制的参数有菌丝形态和浓度、残糖量、氨基氮、抗生素含量、溶解氧、pH、通气量、搅拌转速和液面控制等。

发酵液的过滤和预处理的目的不仅在于分离菌丝，还需将一些杂质除去。尽管对多数抗生素品种而言，当发酵结束时，抗生素仍存在于发酵液中，但也有个别品种在发酵结束时抗生素大量存在于菌丝之中，在此情况下，发酵液预处理目的包括使抗生素从菌丝中析出转入发酵液或使菌丝体与发酵液分离。

提取的目的是从发酵液（和/或菌丝体）中制取高纯度的、符合药典规定的抗生素成品。在发酵液中抗生素浓度很低，而杂质的浓度相对较高。杂质中含有无机盐、残糖、脂肪、各种蛋白质及其降解物、色素、热源质或有毒性物质等。此外还可能有一些杂质，其性质和抗生素很相似，这就增加了提取和精制的困难。

由于多数抗生素不稳定，且发酵液易被污染，故整个提取过程要求：时间短、温度低、pH宜选择对抗生素较稳定的范围、勤清洗消毒。

目前常用的抗生素提取方法有溶媒萃取法、离子交换法和沉淀法等。

精制是抗生素生产的最后步骤，对产品精制、烘干和包装的阶段要符合"药品生产管理规范"（GMP）的规定。抗生素精制可选用的步骤有：脱色和去热源质、结晶和重结晶、共沸蒸馏法、柱层析法、盐析法、中间盐转移法和分子筛等。

三、 实验材料

1. 菌种

诺尔斯链霉菌（*Streptomyces noursei*）A－94。

2. 培养基

①孢子斜面培养基：牛肉膏0.28%，饴糖3.5%，蛋白胨0.4%，琼脂2.0%，pH7.5，121℃灭菌30min，制成斜面。37℃培养2d证明无菌后继续在37℃放置，直至斜面冷凝水干后取出备用。培养基可用PDA培养基代替。

②肉汤培养基：葡萄糖1%，蛋白胨1%，牛肉膏0.6%，NaCl 0.5%，pH7.2，每升培养基加1%酚红溶液0.3mL，121℃灭菌30min，经37℃培养2d证明无菌，备用。

③细菌琼脂斜面培养基：葡萄糖1%，蛋白胨1%，牛肉膏0.6%，NaCl 0.5%，琼脂2%，pH7.2，121℃灭菌30min，经37℃培养2d证明无菌，备用。

④液体种子培养基：淀粉1%，葡萄糖1%，花生饼粉2%，蛋白胨0.2%，豆油0.3%，$MgSO_4 \cdot 7H_2O$ 0.05%，$CaCO_3$ 0.6%，$(NH_4)_2SO_4$ 0.2%，KH_2PO_4 0.02%，pH7.2，121℃灭菌20min，28℃时接种。250mL三角瓶分装50mL。

⑤液体发酵培养基：葡萄糖5.5%，黄豆饼粉2.5%，蚕蛹粉0.2%，蛋白胨0.3%，豆油0.1%，$MgSO_4 \cdot 7H_2O$ 0.05%，$CaCO_3$ 1.0%，$(NH_4)_2SO_4$ 0.3%，KH_2PO_4 0.002%，pH7.2，121℃灭菌20min，28℃时接种（10%）。500mL三角瓶分装80mL。

3. 主要试剂

Tween-80，甲醛，酚酞指示剂，甲基红指示剂，0.1mol/L HCl，0.2mol/L NaOH标准溶液、邻苯二甲酸氢钾，乙醇，磷酸，98%乙醇，1:3（*W/V*）的乙酸乙酯。

4. 主要仪器

定糖管，721 分光光度计，水浴锅，碱式滴定管，离心机、冷冻干燥机、旋转蒸发器等。

四、 实验步骤

1. 种子制备

①母瓶制备：从保藏的诺尔斯链霉菌砂土管菌种中无菌操作接种适量砂土于处理好的斜面上，28℃培养 7 ~ 10d。孢子成熟后立即放入 4℃冰箱备用，保存期不可超过 1 个月。

②子瓶制备：无菌操作从母瓶中选取深灰色、孢子丰满的菌落 5 ~7 个，放于 3mL 加有 1 ~2 滴 Tween-80 的无菌水中制成悬液，然后取 1 满环孢子悬液接种于已处理好的斜面上，28℃培养 7 ~8d，孢子成熟后即可使用。子瓶菌落要求成片，孢子布满整个斜面。4℃冰箱中存放不能超过 1 个月。

③无菌检查：母瓶和子瓶的每个瓶都要做无菌实验，证明无菌方可使用。检查方法即在每接种一个母瓶（子瓶）的同时将接种环经无菌手续对号插入肉汤培养基中，然后 37℃培养 6 ~8h 后取出，对号接种于细菌琼脂斜面上，置 37℃培养 18℃取出检查，若无杂菌，该母（子）瓶方可使用；若发现有杂菌，则将瓶号相对应的母（子）瓶淘汰掉。

2. 发酵

先从子瓶接种液体种子培养基，28℃摇床振荡培养（200r/min）20h，确证无污染后按 10% 接种量接入 28℃的液体发酵培养基，28℃摇床振荡培养（200r/min）60h。

3. 制霉菌素的提取和精制

制霉菌素存在于菌丝体中，用含水乙醇可以提取出来。但粗制品中尚含有放线菌酮，所以粗制品要用乙酸乙酯洗涤，并用蒸馏水洗去水溶性杂质方可得到纯品。步骤如下。

①离心获得菌丝体。

②乙醇萃取：用湿菌体 2.5 ~3 倍（mL/g）的 98% 乙醇进行抽提，温度 20 ~25℃，搅拌 40min 后离心，抽提液含乙醇 70% 左右，菌渣再用乙醇抽提 2 次。

③浓缩：合并滤液，减压浓缩（700mmHg 下）至原体积的 15% 以下。

④精制：浓缩液5℃存放6~12h，使结晶完全，离心去母液，结晶用1:3（g/mL）的乙酸乙酯洗涤，再用生理盐水（pH6.5）洗涤，最后用乙酸乙酯洗一次后抽干。

五、 结果与讨论

想要验证发酵精制物是不是制霉菌素，还需做哪些实验？

实验十三
青霉素效价的生物测定

一、实验目的

（1）了解用杯碟扩散法测定抗生素效价的原理。

（2）掌握青霉素效价生物测定的具体操作步骤与方法。

二、实验内容

抗生素的抗菌特性决定了它的医疗价值，因此，利用它们各自的抗菌活性来测定其效价有着重要的意义。效价的测定法有：液体稀释法、比浊法和扩散法等。本实验采用国际上最常用的杯碟扩散法来测定青霉素的效价。测定时，将规格完全一致的不锈钢小管（即牛津小杯）置于含敏感菌的琼脂平板上，并在牛津小杯中加入已知浓度的标准青霉素溶液和未知浓度的青霉素发酵液。于是，抗生素就自牛津小杯处向平板四周扩散，在抑菌浓度所达范围内敏感菌的生长被抑制而出现抑菌圈。在一定的范围内，抗生素浓度的对数值与抑菌圈（图13-1）直径呈线性关系。因此，只要将被测样品与标准样品的抑菌圈直径进行比较，就可在标准曲线上查得未知样品的抗生素效价值，为科学实验或临床应用提供参考依据。

图 13-1　抗生素产生的抑菌圈

三、 实验材料

1. 菌种

金黄色葡萄球菌（*Staphylococcus aureus*），产黄青霉菌（*Penicillium chrysogenum*）。

2. 培养基

牛肉膏蛋白胨琼脂培养基（作生物测定用时，平板应分上下两层，上层需另加 0.5% 葡萄糖）。

3. 试剂

①1% pH6 磷酸缓冲液：K_2HPO_4 0.2g （或 $K_2HPO_4 \cdot 3H_2O$ 0.253g），K_2HPO_4 0.8g，蒸馏水 100mL。

②0.85% NaCl 生理盐水溶液。

③苄青霉素钠盐：1.667U/mg（1U 即 1 国际单位，等于 0.6μg）。

四、 实验步骤

1. 敏感菌悬液的制备

①保藏与传代：将测定用的金黄色葡萄球菌在新鲜斜面培养基上传代并保存。注意测定用敏感菌应每隔 3 周传代一次，菌种可在 37℃ 温箱培养 18～20h后，再在室温下放置 3～4h，使菌种斜面产生良好的色素，然后将其置于 4℃ 冰箱保存。

②活化：在使用前先将供试菌株在斜面培养基上连续传代 3～4 次，使菌种充分恢复其生理性状。

③制备悬液：将活化的敏感菌斜面，用 0.85% 生理盐水洗下，经离心后去除上清液，再用生理盐水洗涤 1～2 次，并将其稀释至一定浓度的悬液。

2. 青霉素标准溶液的配制

①青霉素标准母液：准确称取纯苄青霉素钠盐 15～20mg 溶解在一定量的 0.2mol/L pH6 磷酸缓冲液中，配制成 2000U/mL 的青霉素溶液，然后保持冷藏存放。

②青霉素标准工作液：使用时以标准母液配制成 10U/mL 青霉素标准测定液，按表 13-1 加入青霉素标准母液，即配成不同浓度的青霉素标准液。

表 13-1　不同浓度标准青霉素液的配法

试管编号	10U/mL 工作液量/mL	pH6 磷酸盐缓冲液/mL	青霉素含量/U·mL^{-1}
1	0.4	9.6	0.4
2	0.6	9.4	0.6
3	0.8	9.2	0.8
4	1.0	9.0	1.0
5	1.2	8.8	1.2
6	1.4	8.6	1.4

3. 标准曲线的绘制

①底层培养基：取无菌培养皿16套，每皿移入20mL牛肉膏蛋白胨底层琼脂培养基，置水平待凝备用。

②含菌上层培养基：将装在三角瓶中的牛肉膏蛋白胨琼脂培养基（100mL）融化，待冷却到60℃左右时再加入60%葡萄糖液12mL和金黄色葡萄球菌菌液3~5mL，加入菌液的浓度应控制在使1U/mL青霉素溶液的抑制菌圈直径在20~24mm，充分混匀后，用大口移液管吸取4mL于底层平板上迅速铺满上层，然后移至水平位置待凝备用。

③放牛津小杯：待上层充分凝固后，在每个琼脂板上轻轻放置4支牛津小杯，其间距应相等，如图13-2所示。

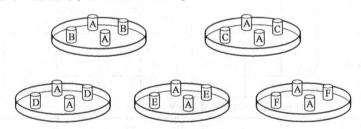

图 13-2　标准曲线加样示意图

④滴加标准样品液：用无菌洁净移液管滴加标准样品液，每一稀释度应更换一支移液管，每支牛津小杯中的加量为0.2mL。或者用带滴头的滴管加样品液，加液量如图所示，以杯口水平为准，如下图所示。每一稀释度做3个重复。

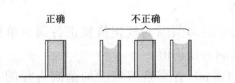

⑤培养：待样品加毕后，最好换上无菌素烧瓷盖（吸湿性好，在盖内不易形成水滴）做培养皿的盖子，并将平板置37℃温箱内培养18~24h后观察测定结果。

⑥测量与计算：移去测定培养皿的素烧瓷盖，再将牛津小杯移去，精确地测量各稀释度的青霉素抑菌圈直径（用圆规两脚的针尖测量可提高精度）并记录于下表中。

皿号	青霉素效价/U·mL⁻¹	抑菌圈直径/mm	平均值/mm	校正值/mm	1U/mL青霉素抑菌圈直径/mm	平均值/mm	校正值/mm
1							
2	0.4						
3							
4							
5	0.6						
6							
7							
8	0.8						
9							
10							
11	1.2						
12							
13							
14	1.4						
15							
1U/mL青霉素抑菌圈直径总平均值/mm = _____							

计算步骤：

a. 算出各组（即各剂量）抑菌圈的平均直径。

b. 算出各组1U/mL的抑菌圈平均直径。

c. 统计15套培养皿中1U/mL的抑菌圈平均值。

d. 以1U/mL抑菌圈的总平均值来校正各组的1U/mL抑菌圈的平均值，即求得各组的校正值。

e. 以各组1U/mL的抑菌圈的校正值校正各剂量单位浓度的抑菌圈直径，即获得各组抑菌圈的校正值。

举例：若30个1U/mL青霉素溶液的抑菌圈直径的平均值为22.6mm。

而第一组内6个1U/mL青霉素溶液的抑菌圈直径的平均值为22.4mm，则：

第一组的校正值＝22.6－22.4＝+0.20（mm）。若第一组皿内0.4U/mL青霉素溶液的抑菌圈平均值为18.6mm，那么第一组0.4U/mL青霉素溶液的抑菌圈校正值＝18.6+0.2＝18.8（mm）。其他各组依此类推获得各自的校正值。

⑦绘制标准曲线：在对数坐标纸上，以青霉素浓度（对数值）为纵坐标，以抑菌圈直径的校正值为横坐标，绘制标准曲线。

4. 青霉素发酵液效价的测定

取培养好的发酵液，代替图13-2的B或C，进行抑菌试验，所得结果与青霉素标准曲线比较，求出发酵液相对于青霉素的效价。

五、 结果与讨论

（1）制备双碟时为什么必须在水平面上，并选择平底的培养皿？

（2）敏感指示菌的生长时间和菌液浓度对抑菌圈直径有何影响？

（3）为什么各牛津杯中的加液量必须一致？

实验十四
淀粉酶的初步分离纯化

一、 实验目的

(1) 掌握盐析法初步分离纯化蛋白质的原理和方法。
(2) 掌握透析脱盐浓缩蛋白质的原理和方法。
(3) 掌握膜分离原理和方法。

二、 实验原理

1. 蛋白质的盐析

蛋白质是亲水胶体，借水化膜和同性电荷（在 pH 7.0 的溶液中一般蛋白质带负电荷）维持胶体的稳定性。由于蛋白质分子内及分子间电荷的极性基团有着静电引力，当向蛋白质溶液中加入少量碱金属或碱土金属的中性盐类，如（NH_4）$_2SO_4$、Na_2SO_4、$NaCl$ 或 $MgSO_4$ 等时，由于盐类离子与水分子对蛋白质分子上的极性基团的影响，使蛋白质在水中溶解度增大，因此蛋白质、酶等在低盐浓度下的溶解质随着盐液浓度升高而增加，此时称为盐溶；当盐浓度不断上升并达到一定浓度时，蛋白质表面的电荷大量被中和，水化膜被破坏，暴露出疏水区域，于是蛋白质就相互聚集而沉淀析出，疏水区域间的相互作用使蛋白质相互聚集而沉淀，称为蛋白质的盐析。由盐析所得的蛋白质沉淀，经过透析或用水稀释以降低或除去盐后，能再溶解并恢复其分子原有结构及生物活性，因此由盐析生成的沉淀是可逆性沉淀。盐析法就是根据不同蛋白质和酶在一定浓度的盐溶液中溶解度降低程度的不同而达到彼此分离的方法。盐析法对于许多非电解质的分离纯化都是适合的，也是蛋白质和酶提纯工作应用最早、至今仍广泛使用的方法。

2. 透析脱盐的原理

蛋白质的分子很大，其颗粒在胶体颗粒范围（直径 1 ~ 100nm）内，不能透过半透膜。选用孔径合宜的半透膜，使小分子物质能够透过，而蛋白质颗粒不能透过，这样就可使蛋白质和小分子物质分开。把蛋白质溶液装入透析袋中，袋的两端用线扎紧，然后用蒸馏水或缓冲液进行透析，这时盐离子通过透析袋扩散到水或缓冲液中，蛋白质分子量大，不能穿过透析袋而被保留在袋内，通过不断更换蒸馏水或缓冲液，直至袋内盐分透析完毕。这种方法可除去和蛋白质混合的中性盐及其他小分子物质，是常用来纯化蛋白质的方法。透析需要较长时间，常在低温下进行，并加入防腐剂避免蛋白质和酶的变性或微生物的污染。

三、 实验材料

1. 菌种及培养基

菌种：枯草芽孢杆菌。

种子培养基：牛肉膏5g，蛋白胨10g，NaCl 5g，可溶性淀粉2g，葡萄糖1.5g，蒸馏水1000mL。

发酵培养基：牛肉膏5g，蛋白胨10g，NaCl 5g，可溶性淀粉2g，蒸馏水1000mL。

2. 酶活测定溶液

0.2mol/L pH6.8 PBS 缓冲液，葡萄糖标准液1mg/mL，DNS试剂（3，5-二硝基水杨酸试剂），配方如下（1L）：四水合酒石酸钾钠200g，氢氧化钠20g，无水亚硫酸钠0.5g，结晶酚2g，DNS 10g，室温避光静置7d后可用。

3. 试剂

蛋白胨、牛肉膏、可溶性淀粉、$(NH_4)_2SO_4$、NaOH、HCl、$Na_2HPO_4 \cdot 12H_2O$、$NaH_2PO_4 \cdot H_2O$、EDTA。

四、 实验步骤

1. 菌株发酵

将枯草芽孢杆菌接入种子培养基摇瓶培养24h，以2%的接种量接种到发酵培养基，37℃，180r/min，培养36 h。

2. 粗酶液的制备

发酵液在8000r/min离心20min，收集上清液即为粗酶液，采用DNS法测淀粉酶活力。

3. 硫酸铵盐析

①发酵液上清分装至3只烧杯中，每个20mL。

②加硫酸铵至3只烧杯中，配制饱和度分别为40%、60%和80%的硫酸铵溶液。在加硫酸铵时需缓慢地加入，同时不断地轻柔搅拌（否则局部浓

度过高会使酶失活）使硫酸铵完全溶解。

③室温静置 2h，出现白色沉淀。

④离心，分别取沉淀用少量 0.2mol/L pH6.8 PBS 缓冲液回溶。

4. 透析脱盐浓缩

（1）透析膜前处理

透析袋的预处理方法如下。

①将透析袋剪成合适的长度。

②在一只 250mL 的玻璃烧杯中，加入 200mL 的透析袋处理液，微波炉中预热。

③将透析袋装入其中，电炉上煮沸 10min。

④用蒸馏水彻底洗涤。

⑤蒸馏水中煮 10min。

⑥冷却后 4℃ 存放，存放过程中透析袋应完全放入 0.02mol/L 磷酸缓冲液（pH7.0）中。

⑦用细线扎紧透析袋一端，注入清水检验不漏后加入不超过透析袋体积 1/2 的待透析溶液。

（2）操作

①沉淀用少量 0.2mol/L pH6.8 PBS 缓冲液回溶，移入透析袋中，经透析袋在室温下 20 倍量 0.02mol/L 磷酸缓冲液（pH7.0）中透析脱盐 36h（每过 6h 换一次透析液）。

②取各梯度脱盐沉淀 5mL 8000r/min 离心 20min，取上清液测酶活（沉淀为变性蛋白质，酶活很低）。

5. 酶活力的测定

采用 DNS 法对酶活力进行测定。

五、 结果与讨论

（1）透析袋为什么要在蒸馏水中煮 10min？

（2）DNS 法测定酶活的原理是什么？

实验十五
实验室发酵生产啤酒

一、 实验目的

（1）熟悉啤酒酿造工艺及啤酒酿造设备的操作。

（2）掌握麦芽粉碎、糖化、发酵等啤酒酿造工艺。

二、 实验原理

啤酒是酒类中酒精含量最低的饮料酒，而且营养丰富。啤酒发酵就是利用啤酒酵母对麦汁中的某些组分进行一系列的生物化学代谢，产生酒精及各种风味物质，形成具有独特风味的酿造酒。

麦汁营养丰富，为酵母细胞提供了良好的生存环境。酵母在麦汁中吸收营养物质，排泄代谢产物（图 15-1）。糖类物质约占麦汁浸出物的 90%，其中葡萄糖、果糖、蔗糖、麦芽糖、麦芽三糖和棉籽糖称为可发酵性糖，是啤酒酵母的主要碳素营养物质，也是发酵中可利用的物质。麦汁中的 DP_9 ~ DP_{12} 糊精、麦芽四糖、麦芽五糖至麦芽九糖等均为不可发酵性糖，又称非糖。在实际生产中糖与非糖的比例一般控制为 7：3 较合适，若生产淡色啤酒，可发酵性糖含量略高，发酵度高，口味清爽；若生产浓色啤酒，其非糖比例略高一些，以增加它的醇厚感。

麦汁中可发酵性糖的组成，因工厂使用的原料和工艺方法不同而异，也因辅料不同和辅料添加量不同，致使各种糖的含量略有差别。一般情况下全麦芽麦汁的可发酵性糖组成见表 15-1。

麦汁中所含糖类，随使用的原料和糖化方法不同而异。一般来说，麦汁中的总糖约占浸出物的 90%，而可发酵糖占总糖的 80% 左右，其中葡萄糖和果糖约占总糖的 10%，蔗糖约占 5%，麦芽糖占 45% ~ 50%，麦芽三糖占 10% ~ 15%。80% 以上的可发酵糖在主发酵过程中为酵母所同化，或发酵为酒精和 CO_2 及其他代谢产物，只残留少量麦芽糖和麦芽三糖待后发酵中分解。至于麦汁中含 4 个葡萄糖基以上的寡糖，除去个别酵母菌，如糖化酵母（*Saccharomyces diastaticus*）具有胞外淀粉葡萄糖苷酶，能分解四糖以上的寡糖外，对啤酒酵母来说，其寡糖含量基本不变。麦汁发酵过程中糖类的变化如表 15-1 所示。麦汁中的可发酵性糖最主要的是麦芽糖，此外，麦汁中的

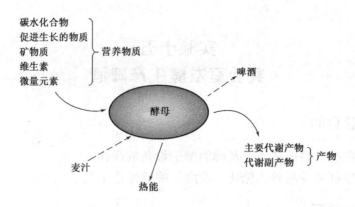

图 15-1　酵母营养转化示意图

糖分并不是同时发酵。多糖首先必须被分解，所以酵母最先作用于单糖，然后才能分解多糖。因此将发酵分为：起发酵糖（己糖）；主发酵糖（麦芽糖）；后发酵糖（麦芽三糖）。

表 15-1　麦汁发酵过程中糖类的变化　　　　　　　　g/100mL

糖类	麦汁	啤酒	糖类	麦汁	啤酒
果糖	痕迹	0	7 个葡萄糖基	0.27	0.27
葡萄糖	0.48	痕迹	8 个葡萄糖基	0.23	0.24
蔗糖	0.44	0	9 个葡萄糖基	0.40	0.36
麦芽糖	3.55	0.26	10 个葡萄糖基	0.23	0.23
麦芽三糖	1.42	0.12	11 个葡萄糖基	0.24	0.20
麦芽四糖	0.55	0.53	12 个葡萄糖基	0.09	0.10
5 个葡萄糖基	0.27	0.25	13 个葡萄糖基	0.14	0.14
6 个葡萄糖基	0.23	0.27	14 个葡萄糖基	—	—

葡萄糖的发酵过程是比较复杂的，它在酵母多种酶的作用下，经过一系列中间变化，先酵解成丙酮酸，称为 EMP 途径，再在酵母内丙酮酸脱羧酶、乙醇脱氢酶等作用下生成乙醇和二氧化碳。

三、　实验材料

1. 原辅料

大麦芽，啤酒花，酵母。

2. 实验装置

100L 啤酒设备。

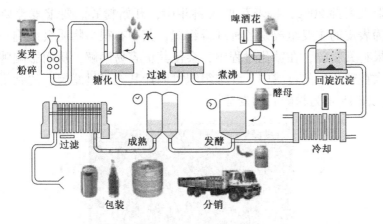

图 15-2　啤酒酿造流程图

图 15-3　啤酒酿造设备

图 15-2 和图 15-3 分别为啤酒酿造流程图及酿造设备图。本啤酒生产系统主要设备构成如下。

①糖化系统：包括麦芽粉碎机、糖化锅、过滤槽、麦汁泵。

②发酵系统：发酵罐。

③CIP 洗涤系统：包括消毒罐、碱水罐。

④换热系统：薄板换热器。

⑤制冷系统：包括冰水罐、冰水制冷机组、冰水泵。

四、　实验步骤

1. 麦芽粉碎

表皮破裂，增加麦芽本身的表面积，使其内容物质更容易溶解，利于糖化。称取大麦芽20kg，将麦芽加入料斗中，开始粉碎。要求麦芽要破而不碎。因为表皮的主要组成是各种纤维组织，其中有很多物质会影响啤酒的口味，如果将其粉碎，在糖化过程中，会使其更容易溶解，从而影响啤酒的口味；其次在糖化后的过滤中，纤维组织可以让其充当过滤层，达到更好的过滤效果。图15-4为粉碎后的麦芽。

图15-4　粉碎后的麦芽

生产啤酒大麦芽是传统的主要原料，大多数还要添加辅助原料。其中包括大米、玉米等，国内的啤酒厂家大多选用大米作为生产的辅料，选用玉米作为辅料可以很大程度地降低成本。添加辅料可以有效地降低麦汁中蛋白质含量和易氧化的多酚物质含量，从而降低啤酒色度，改善啤酒风味和啤酒的非生物稳定性，并且可以大大地降低麦汁制备的成本。

2. 麦汁糖化

糖化是一个生化过程，在此过程中，应提供一切可能的技术条件来发挥麦芽中各种酶的最适作用。但是这些酶的最适作用条件并不完全一致，因此要运用其综合性的有利条件，使制成的麦汁达到质量要求。为了防止麦芽中各种酶因高温被破坏，糖化时的温度变化一般是由低温逐渐升至高温的。糖化温度的控制为：

35~40℃：此时称为浸渍温度，有利于酶的浸出和酸的形成，并有利于β-葡聚糖的分解。

45~55℃：此时的温度称为蛋白质分解（或蛋白质休止）温度，温度偏向下限，氨基酸生成量相对多一些，偏上限，可溶性氮生成量相对多一些；对溶解良好的麦芽来说，温度可以偏高一些，分解时间短一些；溶解好的麦芽可以放弃这一阶段；对溶解不良的麦芽，温度应控制偏低，并延长蛋白质分解时间。在上述温度下，内 β-1，3-葡聚糖酶仍具活力，β-葡聚糖的分解作用继续进行。

62～70℃：此时的温度称为糖化温度。在 62～65℃ 下，可发酵性糖比较多，非糖的比例相对较低，适合制造高发酵度啤酒；若温度控制在 65～70℃，则麦芽的浸出率相对增多，可发酵性糖相对减少，非糖比例提高，适于制造低发酵度啤酒；控制 65℃ 糖化，可以得到最高的可发酵浸出物收得率；糖化温度偏高，有利于 α-淀粉酶的作用，糖化时间（指碘试时间）可以缩短。

75～78℃：此时的温度称为过滤温度（或糖化最终温度），在此温度下，α-淀粉酶仍起作用，残留的淀粉进一步分解，其他酶则受到抑制或失活。

①设备消毒：在投料前，将糖化锅内加约 60kg 水，打开电加热开关，开始加热。待水升温到 90℃，停止加热。用该 90℃ 热水将整套设备（含换热器）循环清洗消毒 20min。

②制备投料水：在糖化锅内加一定量的水（约 70kg），同时打开电加热开关，开始加热。加热过程中要开启旋涡阀和麦汁泵 3～5min，以便混合均匀，升温至 50～55℃，停止加热；打开有关阀门，启动麦汁泵，将投料水自过滤槽底部泵入 70kg。

③投料（蛋白分解）：先启动过滤槽搅拌，将大麦芽粉投入过滤槽内，搅拌均匀，停止搅拌，开始计时，保持温度（52±1）℃，时间 70min。

④制备兑醪水：糖化锅内继续加水至 60kg，开始加热，升温至 100℃，停止加热；开启有关阀门，准备兑醪。

⑤兑醪（淀粉糖化）：蛋白分解结束，启动过滤槽搅拌，把醪液搅起，搅拌的同时把 100℃ 热水从过滤槽底泵入，兑醪温至 66℃，停止进水，66℃ 保持 80min。

⑥清洗糖化锅：打开排污阀，排掉糖化锅内残余热水，用清水清洗掉锅内水垢等污物后，关闭所有阀门，等待过滤。

⑦静置：糖化结束，启动过滤槽搅拌 5～8min，待醪液均匀后，静置 10～15min，等待回流过滤。

3. 过滤

①麦汁回流：注意静止时间，到时要及时回流，开启有关阀门和麦汁泵，将麦汁在过滤槽内回流 5～10min，观察视镜内麦汁清亮后，切换回流

阀到过滤阀，将麦汁泵入糖化锅。

②测原麦汁浓度：过滤20min后，取样测原麦汁浓度。

a. 热麦汁处理：从糖化锅内取一测量筒麦汁，慢慢放入事先备好的自来水筒内，降温至30℃以下（可以用其他方法冷却，但不能误入冷水），摇匀、放稳。

b. 糖度测量：取量程为0~20°Bx的糖度表一个，将有水银包的一端慢慢插入麦汁，接近预计读数值（12°Bx左右）时再松手，5min后读取麦汁凹液面处糖度表的数值；轻轻取出糖度表，检查表上麦汁温度值，对应查出糖度修正值，获得原麦汁浓度值（注：糖度计要轻拿轻放，用后清水洗净、擦干，妥善保管）。

③洗糟：原麦汁过滤至将近露出糟面时进行洗糟，开启耕糟机，泵入热水至过滤槽进行洗糟，加完水后，停止耕糟，待形成新的滤层，再重复前面的过滤程序，洗糟一般为2~3次，总加水量约25L。

④混合浓度测定：洗糟2~3次后，测定混合麦汁浓度。

⑤排糟：洗糟2~3次后，测混合麦汁浓度达到要求时，停止过滤，打开出糟门，用出糟耙将麦糟排出。

麦汁过滤过程中，若麦汁不清或过滤困难，可搅起醪液静止10min，重新打回流，直至麦汁清亮。

⑥清洗：排糟完毕，即用水清洗过滤槽壁、过滤筛板及耕糟机。

4. 麦汁煮沸

①加热：麦汁液位超过电加热规定的液位后，开始电加热升温。

②麦汁煮沸：加热至麦汁沸腾时开始计时，煮沸时间90min，麦汁始终处于沸腾状态；控制沸终麦汁浓度，若在规定时间内浓度未达要求，可适当延时。

③添加酒花（一种含苦味和香味的蛇麻之花）：麦汁煮沸开锅5min和沸终前10min，分别添加苦型和香型酒花，加量分别为40g（0.04%）和20g（0.02%），蒸发时尽量开口，煮沸结束时，为了防止空气中的杂菌进入，最好密闭。

煮沸的具体目的主要有：破坏酶的活性；使蛋白质沉淀；浓缩麦汁；浸出酒花成分；降低pH；蒸出恶味成分；杀死杂菌；形成一些还原物质。

添加酒花的目的主要有：赋予啤酒特有的香味和爽快的苦味；增加啤酒的防腐能力；提高啤酒的非生物稳定性。

5. 麦汁旋沉

煮沸结束，停止电加热。打开糖化锅锅底阀和切线打入阀，同时开启麦汁泵，在糖化锅内打循环 10min，静止沉淀 30min。麦汁从切线方向泵入回旋沉淀槽，使麦汁沿槽壁回旋而下，借以增大蒸发表面积，使麦汁快速冷却，同时由于离心力的作用，使麦汁中的絮凝物快速沉淀的过程。

6. 管路杀菌

糖化锅热水升温至 90℃，停止加热，将麦汁管路和换热器杀菌 20min，杀菌时稍开充氧阀，对充氧管同时杀菌，杀菌结束，关闭阀门。

7. 麦汁冷却

将回旋沉淀后的预冷却麦汁通过薄板冷却器与冰水进行热交换，从而使麦汁冷却。控制冷却温度（11.0±0.5）℃，将麦汁通入发酵罐。

8. 发酵

（1）洗涤（4 步法）

①水洗：发酵罐进料前，先用自来水间歇冲洗 15min。

②火碱洗：排净残留水后，用 45~50℃、浓度 5% 的火碱溶液循环清洗 30min（碱液浓度降低时要及时补充），循环完毕，回收碱液（注意防护，操作时必须戴防护器具，严禁肢体直接接触碱液）。

③水洗：排净残留碱液后，再用自来水间歇冲洗 15min，方法同①。

④双氧水洗：排净残留水后，再用浓度 1% 的双氧水循环清洗 20min，方法同②，将罐内残留的双氧水排放干净，关闭排气阀，进出料阀和出酒阀。注意防护，操作时必须戴防护器具，严禁肢体直接接触双氧水。

（2）接种

发酵罐进麦汁前，先添加酵母泥，剂量为麦汁量的 1%（干酵母为 0.1%）。

（3）充氧

从换热器充氧口不间断充氧。麦汁进罐 24h 内，还要分 3 次从物料口充氧，每次 1~3min。

（4）排杂

投料后第二天排冷凝固物，慢开物料阀，杂质排出即可，以后每天排杂一次。

（5）测糖

投料后第二天取样测糖（至封罐前，每天必测）。

①发酵液处理：先排除出酒管内杂质，取一测量筒发酵液，用两只杯子反复倾倒 100 次（杯间距不低于 50cm）以除去发酵液内的 CO_2，倒入测量筒，放稳。

②测量糖度：取量程为 0 ~ 10°Bx 的糖度表一个，将有水银包的一端慢慢插入麦汁，其他同原麦汁浓度测量法。

（6）前发酵

保持温度（9.0±0.2）℃、压力 0 ~ 0.03MPa 至封罐，时间 3 ~ 4d。

（7）封罐（还原）

①糖度降到（4.2±0.2）°Bx 时，自然升温至 12℃，并保持，同时封罐，升压至 0.09MPa，并保持，时间为 4d。

②检双乙酰：封罐 4d 后，若无明显双乙酰味，可降温，若有明显双乙酰味，可推迟 1 ~ 3d 降温。

（8）后发酵（储酒）

还原结束后，应当在 24h 内按规定降温至 0℃，并保持，同时保持罐内压力 0.09MPa，时间 3 ~ 5d。

（9）酵母处理

降至 5℃时，酵母可回收使用。使用前，将最先排出的酵母排入地沟，酵母的使用代数不超过 6 代；储酒时间超过 1 周时，每天排酵母 1 次。若酵母不使用，降至 2℃时应排掉。

9. 设备清洗

由于麦芽汁营养丰富，各项设备及管阀件（包括糖化煮沸锅、过滤槽、回旋沉淀槽及板式换热器）使用完毕后，应及时用洗涤液和清水清洗。

五、 结果与讨论

（1）过滤过程中耕糟的目的是什么？
（2）通过本实验总结啤酒发酵生产中应注意哪些安全事项？

实验十六
酸奶的酿造及乳酸的快速测定

一、 实验目的

掌握酸奶制作的基本理论和方法，以及酶法测定乳酸的理论和方法。

二、 实验原理

酸奶是以牛乳等为原料，经乳酸菌的厌氧发酵制成发酵乳。牛奶中的主要蛋白质是酪蛋白，其等电点约为 4.6。当乳酸菌发酵牛奶时，乳糖等物质产生乳酸而降低 pH 值，至酪蛋白的等电点使酪蛋白形成凝乳状沉淀。制成的酸奶 pH 值一般在 4.0 ~ 4.6，其内主要酸性物质乳酸不仅起到保持成品性状，提供风味、减缓成品腐败的作用，也能抑制肠道有害细菌的生长。某些乳酸菌可以在消化道定殖并产生乳酸、乙酸而改善肠道的微生态环境。酸奶制作时，乳酸菌的大量繁殖造成牛奶中部分蛋白质的降解及乳酸钙的形成，同时，一般脂肪、丁二酮等风味物质也形成，这些物质及乳酸和乳酸菌共同赋予酸奶既具有保健饮料的特性又具有嗜好饮料的特性。

酸奶制作菌种的选择主要是由产品的要求及生产条件确定的。例如，日本选育的干酪乳杆菌（*Lactobacillus casei*）YIT9029，在生产中可抗噬菌体裂解，产品可抗胃酸，风味优良。采用多菌混合发酵的目的是要提高产酸力并使产品具有更佳的风味。常用的多菌混合是：①1：1 的嗜热乳酸链球菌（*Streptococcus lactis thermophilus*）及保加利亚乳杆菌（*Lactobacillus bulgaricus*）；②1：1 的乳酸菌及乳脂链球菌。恒温发酵时多采用①，自然发酵时多采用②。恒温发酵主要是根据需要，人工控制调节发酵温度。自然发酵主要指在环境温度一般不超过 37℃ 下进行，而在冬季时则采用简单的保温措施，使环境温度尽量在 25℃ 以上进行自然发酵成熟。此种发酵虽然简便，但发酵周期往往较长。

酸奶制作的每个环节都有一定要求，为控制发酵条件及产品品质，需要经常测定酸奶的乳酸或酸度（常以总酸度代表乳酸）。采用酶法测定乳酸仅有二十几年的历史，其原理是乳酸在乳酸脱氢酶催化下，将 NAD^+ 还原为 NADH，在 340nm 测 NADH，可得到溶液吸光度的变化，从而测出乳酸含量。酶反应如下：

$$L（＋）乳酸 + MAD^+ \xrightarrow{\quad L（＋）乳酸脱氢酶\quad} 丙酮酸 + MADH$$

$$L（－）乳酸 + MAD^+ \xrightarrow{\quad L（－）乳酸脱氢酶\quad} 丙酮酸 + MADH$$

溶液加肼可消除丙酮酸使反应完全，从而使测定结果精确反映乳酸含量。

三、 实验材料

1. 菌种

嗜热链球菌和保加利亚乳杆菌混合菌种生产发酵剂，酸度 0.4%。

2. 原料

新鲜健康优质牛奶，蔗糖。

3. 仪器

紫外及可见分光光度计，1cm 比色皿，吸管。

4. 试剂

①pH 值为 9.0 缓冲液：在 300mL 容量瓶中加入 11.4g 甘氨酸，2mL 浓度为 24% 的氢氧化肼，加 275mL 蒸馏水。

②NAD 溶液：加 NAD 600mg 于 20mL 蒸馏水中。

③L（＋）LDH：加 5mg/L（＋）乳酸脱氢酶于 1mL 蒸馏水中。

④D（－）乳酸脱氢酶于 1mL 蒸馏水中。

四、 实验步骤

1. 酸奶制作

①加热处理牛奶：将牛奶 10kg 置于蒸锅，加 1kg 蔗糖，加热至 85 ~ 90℃，维持 30min，封盖。

②冷却：较快冷却至 40℃。

③接种：接 0.5kg 发酵剂于牛奶中，要求无菌操作，若发酵剂酸度低于或高于 0.4%，可适量增减用量。

④罐装、发酵：将搅匀的牛奶无菌操作倒入奶瓶，每个奶瓶约 0.25kg（距瓶口 1.5cm），迅速封口。全部过程不得超过 1.5h。将奶瓶送入 40 ~ 45℃ 发酵室发酵 2 ~ 3h，若酸奶凝结、pH 达到 4.2 ~ 4.3 可停止发酵。

⑤后发酵：将酸奶转至冷藏室，搬运要避免振动。酸奶约经历 30min 降至 10℃ 以后，后发酵停止。并防止酸度升高、杂菌污染，并使乳清回吸，

提高稳定性，应在 0 ~ 5℃冷藏酸奶 12 ~ 20h。

⑥成品检查：

a. 感官指标：凝乳结实均匀，无气泡，表面光滑，乳色，酸味悦人。

b. 理化及卫生指标（本实验可略）：脂肪 > 3%，酸度 80 ~ 120°T，大肠菌群 <40CFU/100mL，致病性为阴性。

2. 酶法测定乳酸

①稀释：取成品乳清溶液（可以通过离心等方法得到）稀释 10 倍或 20 倍。

②加试剂测试：用吸管依次加下列试剂于比色皿中：3mL 缓冲液，0.2mL 乳清稀释液，0.2mL NAD 溶液，混匀后于 340nm 处测得吸光度 ε_1。再加 0.02mL L（+）LDH，0.02mL D（−）LDH，保温 25℃，60min，于 340nm 处测得吸光度 ε_2。

以蒸馏水代替乳清液，其余各步均与上述相同，测出空白 ε_1 和空白 ε_2。

③计算：将相应测定数据代入以下公式，可以求得乳酸浓度。

$$乳酸浓度/（g/100mL）= \frac{V \times M \times \Delta\varepsilon \times D}{1000 \times \varepsilon \times l \times V_s}$$

式中，V 为比色液最终体积；M 为乳酸摩尔质量；ε 为 NADH 在 340nm 吸光系数 [6.3×10^3 L/（mol·cm）]；l 为比色皿厚度（0.1cm）；$\Delta\varepsilon = \varepsilon_s - \varepsilon_b$，$\varepsilon_s =$ 试样 $\varepsilon_2 -$ 试样 ε_1，$\varepsilon_b =$ 空白 $\varepsilon_2 -$ 空白 ε_1；V_s 为取样体积（0.10mL）；D 为稀释倍数（1000）。

五、 注意事项

牛奶在灭菌时温度过高容易凝结成块，即使采用蒸汽灭菌也不能超过 115℃，而且时间也不宜过长，15min 即可。

六、 结果与讨论

（1）发酵剂生产中为何要配制两种以上的乳酸菌进行接种发酵？

（2）影响酸奶成熟的主要因素是什么？

（3）简述酸奶的生产工艺流程，指出生产过程中的关键步骤。

实验十七
水中溶解氧（DO）的测定

一、实验目的

溶解氧是重要的水质指标，通过本实验，掌握用碘量法测定 DO 的经典方法。

二、实验原理

在水样中加入硫酸锰和碱性碘化钾溶液，水中溶解氧能迅速将二价锰氧化成四价锰的氢氧化物沉淀。加酸溶解沉淀后，碘离子被氧化析出与溶解氧量相当的游离碘。以淀粉为指示剂，标准硫代硫酸钠溶液滴定，计算溶解氧含量。

三、实验材料

（1）仪器

溶解氧瓶，250mL 碘量瓶或锥形瓶，酸式滴定管，1mL、2mL、100mL 移液管。

（2）试剂

①硫酸锰溶液：称取 480g $MnSO_4 \cdot 4H_2O$ 或 364g $MnSO_4 \cdot 4H_2O$ 溶解于水中，稀释至 1L。此溶液在酸性时，加入碘化钾后，不得析出游离碘。

②碱性碘化钾溶液：称取 500g 氢氧化钠溶解于 300~400mL 水中，另称取 150g 碘化钾溶于 200mL 水中，待氢氧化钠溶液冷却后，将两种溶液合并，混合，用水稀释至 1L。若有沉淀则放置过夜后倾出上清液，贮于塑料瓶中用黑纸包裹避光。

③浓硫酸。

④0.5% 淀粉溶液：称 0.5g 可溶性淀粉，用少量水调成糊状，再用煮沸的水冲到 100mL，冷却后，加入 0.1g 水杨酸或 0.4g 二氯化锌防腐。

⑤硫代硫酸钠标准溶液：称取约 25g 分析纯硫代硫酸钠（$Na_2S_2O_3 \cdot 5H_2O$），溶于煮沸放冷的水中，稀释至 1000mL，加入 0.4g 氢氧化钠或数小粒碘化汞，贮于棕色瓶内防止分解。此溶液物质的量浓度 c（$Na_2S_2O_3 \cdot 5H_2O$）约为 0.1mol/L，再用下法标定准确浓度。

碘酸钾（碘酸钠）标定法：精确称取 0.1500g 干燥的分析纯碘酸钾（KIO$_3$）于 250mL 碘量瓶中，加入 100mL 水，加热溶解，加入 3g 碘化钾及 10mL 冰乙酸，静置 5min。用已配制的硫代硫酸钠溶液滴定，直至颜色变为淡黄色，加入 1mL 淀粉溶液，继续滴定至蓝色刚好消失为止，记录消耗硫代硫酸钠量，按下式计算硫代硫酸钠溶液浓度。

$$c\,(\mathrm{Na_2S_2O_3 \cdot 5H_2O}) = \frac{W}{\dfrac{214.01}{6000} \times V} = \frac{W}{0.03567 \times V}$$

式中，W 为碘酸钾质量，g；V 为消耗硫代硫酸钠溶液量，mL。

四、实验步骤

（1）采样时，注意瓶内不能留有空气泡，密封，立即送回实验室。

（2）用虹吸法把水样转移到溶解瓶内，并使水样从瓶口溢流出数秒钟。

（3）用定量吸管插入液面下，加入 1mL 硫酸锰溶液和 2mL 碱性碘化钾溶液，盖好瓶塞，勿使瓶内有气泡，颠倒混合数次，静置。

（4）待棕色絮状沉淀下沉，轻轻打开溶解氧瓶塞，立即用吸管插入液面下加入 2mL 浓硫酸，盖好瓶塞，颠倒混合摇匀至沉淀物全部溶解为止（如沉淀物溶解不完全，需再加少量酸使其全部溶解）。放置暗处 5min，用移液管吸取 100mL 上述溶液，注入 250mL 锥形瓶中，用硫代硫酸钠标准溶液滴定到溶液呈微黄色，加入 1mL 淀粉溶液，继续滴定至蓝色刚好褪去为止。记录硫代硫酸钠溶液用量。

计算

$$溶解氧\,(\mathrm{O_2, mg/L}) = \frac{cV \times 8 \times 1000}{100}$$

式中，c 为硫代硫酸钠溶液浓度，mol/L；V 为滴定时消耗硫代硫酸钠溶液体积，mL。

五、注意事项

（1）如水样中含有氧化性物质（如游离氯大于 0.1mg/L 时），应预先加入相当量的硫代硫酸钠去除。即用两个溶解氧瓶各取一瓶水样，在其中一瓶加入 5mL（1+5）硫酸和 1g 碘化钾，摇匀，此时游离出碘。以淀粉作为指示剂，用硫代硫酸钠溶液滴定至蓝色刚褪去，记下用量。于另一瓶水样中，加入同样量的硫代硫酸钠溶液，摇匀后，按上述步骤进行固定和测定。

（2）水样中如含有较多亚硝酸盐氮和亚铁离子，由于它们的还原作用而干扰测定，可采用叠氮化钠修正法或高锰酸钾修正法进行测定。

六、 结果与讨论

水样中如含有大量悬浮物时，如何准确测定？

实验十八
发酵过程中还原糖的测定

一、 实验目的

（1）了解还原糖在发酵过程中的意义。

（2）学习还原糖的测定方法。

二、 实验原理

糖类包括多糖、双糖和单糖，其中单糖和某些双糖具有游离的羰基，称为还原糖，多糖和蔗糖无还原性。还原糖是发酵过程中衡量发酵是否正常的重要指标。利用糖的还原性，与斐林试剂（氧化剂）中的二价铜离子还原为一价铜，进行氧化还原反应，而进行测定。根据斐林试剂完全还原所需的还原糖量，计算出样品还原糖量。

斐林试剂由甲液、乙液组成，甲液为硫酸铜溶液，乙液为氢氧化钠酒石酸钾钠溶液。甲、乙液混合时，硫酸铜与氢氧化钠反应，生产氢氧化铜沉淀。生产的氢氧化铜沉淀在酒石酸钾钠溶液中因形成络合物（酒石酸钾钠铜）而溶解。酒石酸钾钠铜是一种氧化剂，能被还原糖氧化，而生成红色的氧化亚铜沉淀。

$(1) CuSO_4 + 2NaOH == 2Cu(OH)_2 + Na_2SO_4$

$$(2) Cu(OH)_2 + \begin{matrix} COOK \\ | \\ CHOH \\ | \\ CHOH \\ | \\ COONa \end{matrix} == \begin{matrix} COOK \\ | \\ CHO \\ | \\ CHO \\ | \\ COONa \end{matrix}Cu + 2H_2O$$

$$(3) \begin{matrix} CHO \\ | \\ (CHOH)_4 \\ | \\ CH_2OH \end{matrix} + 6 \begin{matrix} COOK \\ | \\ CHO \\ | \\ CHO \\ | \\ COONa \end{matrix}Cu + 6H_2O == \begin{matrix} COOH \\ | \\ (CHOH)_3 \\ | \\ CH_2OH \end{matrix} + 6 \begin{matrix} COOK \\ | \\ CHOH \\ | \\ CHOH \\ | \\ COONa \end{matrix}$$

$$+ 3Cu_2O + H_2CO_3$$

由于蓝色的斐林试剂还原成红色的氧化亚铜是一个颜色渐变的过程，反应终点较难判断，而用美蓝（亚甲基蓝，methylene blue）来判断反应终点要容易得多，亚甲基蓝的氧化能力较 2 价弱，故待 2 价铜全部被还原糖还原后才被还原，过量的一滴还原糖即可将美蓝还原成无色的美白。在碱性、沸腾环境下还原呈无色。还原的亚甲基蓝易被空气中的氧氧化，恢复成原来的蓝色，所以滴定过程中必须保持溶液成沸腾状态，并且避免滴定时间过长。

三、 实验材料

1. 试样

不同时间所取发酵液。

2. 溶液

（1）斐林试剂

①甲液：称取 69.3g 硫酸铜（$CuSO_4 \cdot 5H_2O$），0.05g 次甲基蓝，用水溶解并稀释至 1000mL。

②乙液：称取 346g 酒石酸钾钠，100g 氢氧化钠，用水溶解定容至 1000mL。

（2）0.2% 标准葡萄糖溶液：准确称取 0.5000g 无水葡萄糖（预先于 105℃烘干），用少量水溶解，加 2.5mL 浓盐酸，用水定容至 250mL，摇匀。

3. 器材

电炉，电热干燥箱，试剂瓶，烧杯，碘量瓶，移液管，碱式滴定管。

四、 实验步骤

由于试剂的纯度不同，配制时称量、定容等有误差，个人配制的斐林试剂氧化能力也有差异，因此测定前必须对其进行校准。理论上，斐林甲液、乙液各 5mL 可氧化 25mL 0.2% 的标准葡萄糖溶液。

1. 斐林试剂的标定

吸取斐林试剂甲液、乙液各 5mL，加入 250mL 三角瓶中，加 20 mL 水，从滴定管中预先加入约 24mL 0.2% 标准葡萄糖溶液（用量控制在后滴定时消耗 0.2% 标准葡萄糖溶液 1mL 以内），摇匀。于电炉上加热至沸，在沸腾状态下立即以每 2s 1 滴的速度加入 0.2% 标准葡萄糖溶液，至蓝色刚好消失为终点，记录前后滴定的总耗糖量。此滴定操作需在 1min 内完成，整个煮沸过程控制在 3min 之内，平行操作 3 次，取接近的两次滴定结果的平均值为 V_0。

2. 定糖

（1）预备实验：吸取斐林试剂甲液、乙液各 5mL，加入 250mL 三角瓶中，加 V_1 试样稀释液及适量的 0.2% 标准葡萄糖溶液，摇匀，以下同标定时操作，总耗糖量为 V_2。

（2）正式实验：吸取斐林试剂甲液、乙液各 5mL，加入 250mL 三角瓶中，加 V_1 试样稀释液和 $(V_2 - 1)$ 体积的 0.2% 标准葡萄糖溶液，补加 $[(V_0 + 10) - (V_1 + V_2)]$ 体积的水，摇匀，以下同标定时操作，总耗糖量为 V。

（3）还原糖含量的计算

$$还原糖/\% = (V_0 - V) \times c \times n \times \frac{1}{V_1} \times 100\%$$

式中，V_0 为斐林试剂标定值，mL；V 为斐林试剂测定值，mL；c 为标准葡萄糖溶液浓度，g/mL；n 为试样稀释倍数；V_1 为所取实验稀释液体积，mL。

五、 注意事项

（1）斐林试剂甲液、乙液平时应分别贮存，用时才混合，否则酒石酸钾钠铜络合物长期在碱性条件下会发生分解。

（2）反应时温度需一致，一般采用 800W 电炉，电炉温度恒定后才能进行加热，并控制在 2min 内沸腾。煮沸时间改变，蒸发量会改变，从而改变反应液浓度，引入误差。

（3）滴定速度需一致。滴定速度过快，糖消耗量会增加，反之糖消耗量会减少。

（4）次甲基蓝是一个氧化还原型物质，每次用量应保持一致。

（5）反应产物中氧化亚铜极不稳定，易被空气氧化而增加耗糖量。故滴定时不能随意摇动三角瓶，更不能从电炉上取下后再行滴定。

六、 结果与讨论

（1）还原糖测定检测方法有哪些？其原理是什么？

（2）实验中为什么要进行预滴定？

（3）实验中为什么要用碱式滴定管滴定？

实验十九
小型发酵罐的使用

一、 实验目的

（1）了解发酵罐的结构，掌握小型发酵罐灭菌及发酵条件的控制。

（2）了解啤酒酵母菌生长代谢的基本规律。

二、 实验原理

实验室所使用的小型通气搅拌发酵罐具有体积小，耗电少，不易染菌，单位时间、单位体积的生产能力高，代谢放出热量易于移去，操作控制和维修方便等特点，因此能较好地满足微生物生长和代谢的需要。

三、 实验材料

5L 发酵罐（图 19-1）、检查无菌用的各个阶段的培养基和装置。

图 19-1　5L 发酵罐

四、 实验步骤

1. 准备工作

（1）空气源检查

主要检查供气压力、相对湿度是否正常；供气压力应在 0.3 ~ 0.6MPa 之间，相对湿度应小于 60% 。

（2）管道、阀门的检查

检查管道、阀门是否泄漏，如有泄漏，应进行调整，至无泄漏位置。

（3）电气仪表的检查

检查发酵罐温度显示是否准确，校检压力表、空气减压阀。校验 pH 电极、DO 电极。

（4）pH 电极的保养与维护

（5）DO 电极的保养与维护

（6）温度、pH、DO 值的校正

（7）温度、pH、转速、消泡设定值的调节

2. 空气过滤器及空气管路的消毒

关闭空气阀，慢慢打开蒸汽阀阀门，当冷凝水排尽后微开排水阀，排尽冷凝水后调为微开。注意此时蒸汽压力应在 0.12 ~ 0.14MPa 之间，压力过低将造成灭菌不彻底，压力过高则空气过滤器滤芯有可能被损坏而失去过滤能力。

让蒸汽通过空气过滤器及以后的空气管道进入发酵罐内。

开启空气压缩机，调节空气减压阀，使其出口压力为 0.2 ~ 0.25MPa。

消毒时间一般为 30min。到时间后，依次关闭各阀门。

排去冷凝水后，吹干空气过滤器，一般需要 20min 左右。

3. 空消

打开排水阀、蒸汽阀，排尽夹套中的水。使蒸汽徐徐进入发酵罐，对发酵罐进行空消。注意升温过程中需将"加热"、"冷却"、"pH 调节"、"消泡"、"流加"开关置于"关"的位置或将控制器置于"停机"状态。否则温度设定值设定在培养温度时，会自动通冷却水，影响升温速度，同时也浪费蒸汽。

在灭菌过程中，应时刻注意罐压，压力控制在 0.11 ~ 0.12MPa 之内，切勿超压。

空消时间一般 30 ~ 50min，当蒸汽阀门关闭后，发酵罐内的压力会迅速下降，为防止发酵罐内产生负压，必须微开空气阀，并调节排气阀，使罐压保持在 0.03 ~ 0.05MPa 之间。

4. 加培养基

（1）按工艺要求配置培养基。

（2）打开排气阀，关闭进气阀，卸去罐内压力，将校验好的 pH 电极、

DO 电极装入发酵罐内。

（3）打开罐盖上的加料口，将培养基原液加入发酵罐内并加水至所配培养基总量的 75% ~ 85%（视环境温度、蒸汽压力及接种量而定，其余 15% ~ 25% 为蒸汽冷凝水和种子量）。

（4）拧紧加料口螺母（注意不要拧得太紧，否则会损坏密封圈）。

5. 实消

检查夹套排水阀是否打开，夹套水是否排尽。

夹套预热：打开蒸汽阀，接通电源，开电源开关，手动开启搅拌电机，调节电机转速至 150r/min 左右，进行慢速搅拌。

当发酵罐内温度达到 80℃ 左右，排尽蒸汽管中冷凝水后，使蒸汽徐徐进入发酵罐，继续升温。此时应关闭进气阀，并将排气阀调为微开。

当培养液温度达到 95 ~ 100℃ 可停止搅拌，当发酵罐内温度达到灭菌要求温度时，阀门处于微开状态，在灭菌过程中，应时刻注意罐压，压力控制在 0.1 ~ 0.11MPa 之间，严禁超压。

注意在升温过程中不要开冷却开关，否则当温度设定值设定在培养温度时，冷却水管中会自动通冷却水，不仅会影响升温速度，浪费蒸汽，更重要的是会引起冷凝水过多，导致培养液浓度变化或不能达到灭菌温度。实消时间一般为 30min。

通冷却水进行冷却，操作如下：关闭夹套排水阀，按冷却键，至手动冷却状态，或调整温度设定值，按冷却键至自动状态，此时即进入控温状态。

当蒸汽阀门关闭以及通冷却水后，发酵罐的压力迅速下降，当罐内压力降至 0.03MPa 时，必须间隙开启进气阀，让空气进入发酵罐内，并保持内压力在 0.03 ~ 0.05MPa 之间。

当罐内温度降至 70℃ 以下时，调节搅拌电机的调速器，慢速搅动培养基，加快冷却速度，同时可稍开进气阀和调节排气阀，使罐压保持在 0.03 ~ 0.05MPa 之间。

6. 接种

（1）当发酵液温度降到接种温度时即可进行接种。

（2）准备合格的摇床菌种。

（3）用酒精棉擦洗罐顶接种口，并在接种口四周围上酒精棉。接种者的双手也需要用酒精棉擦洗消毒，晾干。

（4）调进气阀，减少进气量（不能关闭，否则罐压跌为零，会引起污染），拧松接种口螺母，检查罐内压力是否在 0.01MPa 以下，点燃接种口四周的酒精棉，拧下接种口螺母，并将其放入预先准备的盛有酒精的培养皿中。

（5）将菌种瓶的瓶口在火焰上烧一会，并在火焰下拔出瓶塞，迅速将菌种倒入发酵罐内。

（6）盖上接种口螺母，灭火焰，拧紧螺母，并用酒精棉将接种口擦洗干净。

（7）调节进气阀及排气阀，达到工艺要求的通气量，并保持罐压。

7. 培养

（1）按照工艺要求调节通气量、培养温度及搅拌转速。

（2）通气量的调节：要加大通气量，则需开大进气阀，反之则调小进气阀的开度，排气阀要作出相应的调整，以保持罐压。通气量的测定：通过流量计进行检测。

（3）发酵温度、pH、转速、流加控制、消泡等各参数的调整。将控制器设置至"开机"状态，并分别按"加热"、"冷却"、"搅拌"键，使之置于"自动"状态。此时，各参数进入自动控制，并根据记录周期所定的时间进行各项参数的记录。如果在自动控制过程中，某参数出现过调或调不到所需值，则需调整该参数设定值中的"开度"。如果过调，则需减少"开度"值，如果调不到所需值，则需加大"开度"值。

（4）DO 电极的满度校正：当温度、通风量、罐压、搅拌转速稳定后，将此时 DO 值校正为 100%。

（5）将预先准备好的碱液和灭过菌的消泡剂、流加物料及硅胶管与蠕动泵及发酵罐（将针插入发酵罐备用口）连接好，注意操作过程必须保证无菌。

（6）打开"pH"、"消泡"、"流加"开关，将手动、自动开关置于"自动"位置，此时，上述参数进入自动控制。

8. 取样

（1）取样口的消毒：打开阀门蒸汽阀，微开取样阀，保持 20～30min。

（2）取样：打开阀门放出少量培养液后关闭取样阀，用火焰封取样口，把预先灭过菌的取样瓶瓶口置于火焰上，拔去瓶塞，瓶口对准取样口，开取样阀，至所需取样量后立即关闭取样阀，盖上瓶塞，关闭阀门。

（3）取样口再灭菌。

9. 出料

（1）必要时在出料口用不锈钢管（或优质橡胶管）引至盛料容器或下道工序。

（2）出料口的灭菌：打开蒸汽阀门，微开出料阀，保持 20~30min。

（3）调小排气阀，调节进气阀，使罐压维持在 0.05~0.1MPa 之间的某一值。

（4）出料：发酵液通过管道输送到盛料容器或下道工序。

（5）出料完毕后用蒸汽消毒出料管，方法同 9②。

（6）发酵罐应及时清洗干净。

（7）发酵罐暂时不用时，则需排尽罐内及各管道内的余水。

五、 仪器维护与保养

（1）空气压缩机应按期使用说明书进行定期的维护与保养。

（2）接地线保持可靠接地。

（3）精密过滤器及金属过滤器的滤芯，一般使用期限为一年，如果过滤阻力太大或失去过滤能力，影响正常生产，则需更换或再生。

（4）发酵罐清洗时，请用软毛刷刷洗，不要使用硬器刮擦。

（5）压力表、调压阀等仪表每年应校验一次，以确保正常使用。

（6）pH 电极在使用前必须通电稳定 2~3h，否则电极不稳定，造成测量数据不准。

（7）DO 电极在使用前必须通电极化 4~6h，否则电极不稳定，测量数据会不准。

（8）电器、仪表、传感器等电器设备严禁直接接触水、汽。

（9）设备停止使用时，应清洗干净，排尽发酵罐及各管道中的余水，松开发酵罐罐盖螺丝，放置密封圈产生永久变形。

六、 注意事项

（1）必须确保所有单件设备能正常运行时使用本系统。

（2）在过滤器消毒时，流经空气过滤器（金属滤芯）的蒸汽压力不得超过 0.17MPa，否则过滤器滤芯会被损坏，失去过滤能力。

（3）在操作过程中，罐压不得超过 0.12MPa，防止引起设备的损坏。

（4）在空消、实消升温过程中冷却按钮必须处于停止状态，否则当设定值设定在培养温度时，冷却水管中会自动通冷却水，不仅会影响升温速度，浪费蒸汽，更重要的是会引起冷凝水过多，造成培养液的浪费。

（5）在空消、实消结束后冷却时，发酵罐内严禁产生负压，以免损坏设备或造成污染。

（6）发酵过程中，罐压应维持在0.03~0.05MPa之间，以免引起污染。

（7）在各项操作中，必须保持空气管道中的压力大于发酵罐的压力，否则会引起发酵罐中的液体倒流回过滤器中，堵塞过滤器滤芯或失去过滤能力。

实验二十
噬菌体的分离、纯化及效价测定

一、 实验目的

细菌病毒称噬菌体，在自然界中分布广泛。发酵工业生产经常遭受到噬菌体的污染，导致产量降低甚至绝产。本实验学习并掌握从土壤中分离纯化噬菌体以及噬菌体的效价测定方法。

二、 实验原理

噬菌体对宿主具有高度特异性，因此，常利用宿主细菌作为敏感菌株去培养和发现噬菌体；噬菌体对其宿主的裂解可在宿主细菌的平板培养基上出现肉眼可见的噬菌斑，且一个噬菌体产生一个噬菌斑。

三、 实验材料

1. 菌种
大肠杆菌斜面菌种一支。

2. 培养基
肉汤蛋白胨培养液。

3. 器材
平皿，三角瓶，细菌过滤器，离心机，玻璃刮铲，试管等。

四、 操作步骤

1. 分离
①制备菌悬液：取大肠杆菌斜面一支（37℃培养 18～24h），加 4mL 无菌水洗下菌苔制成菌悬液。

②增殖噬菌体：取污水样 200mL，置于三角瓶内，加入三倍浓度的肉汤蛋白胨培养液 100mL 及大肠杆菌菌液 2 mL，于 37℃培养 12～24h。

③制备噬菌体裂解液：将上述混合液离心（2500r/min，15min），所得上清液用细菌过滤器过滤。并将滤液倒入另一无菌三角瓶中置于 37℃培养

过夜，以作无菌检查。

④上述滤液若无菌生长，可进行有无噬菌体存在的实验，其方法有试管法和琼脂平板法两种，本实验介绍琼脂平板法：于肉汤蛋白胨琼脂平板上滴加大肠杆菌菌液一滴，用无菌玻璃刮子涂布成一薄层。待平板菌液干后，滴加上述滤液一小滴或数滴于平板上，再将此平板置于37℃培养过夜，如滤液内有大肠杆菌噬菌体存在，即加滤液处没有大肠杆菌生长，而呈空白斑区。

如已证明有噬菌体存在，可再将滤液接种于已同时接种有大肠杆菌的肉汤内，如此重复移接数次，即可使噬菌体增多。

2. 纯化

最初分离出来的噬菌体往往不纯，如表现在噬菌斑的形态，大小不一等等，所以还需进行噬菌体的纯化。

①将含有大肠杆菌噬菌体的滤液，用肉汤培养基按 10 倍稀释法进行稀释，即稀释成 10^{-1}、10^{-2}、10^{-3}、10^{-4}、10^{-5} 5 个稀释度。

②倒底层平板：取无菌平皿 5 副，每副平皿约倒 10mL 底层琼脂培养基，依次标明 10^{-1}、10^{-2}、10^{-3}、10^{-4}、10^{-5}。

③倒上层平板：取 5 支装 4mL 上层琼脂培养基的试管，依次标明 10^{-1}、10^{-2}、10^{-3}、10^{-4}、10^{-5}。溶化后放于 50℃ 左右的恒温水浴内保温，然后分别向每支试管加 0.1mL 大肠杆菌菌液，并对号加入 0.1mL 各稀释度的滤液，摇匀，然后对号倒入底层琼脂已凝的平板中。

④等上层琼脂凝固后，置 37℃ 培养 18~24h。

⑤在上述出现单个嗜菌斑的平板上，用接种针在选定的嗜菌斑上针刺一下，接种于含有大肠杆菌的肉汤培养液中，37℃ 培养 18~24h，再依上述方法进行稀释，倒平板进行分离纯化，直至平板上出现的嗜菌斑形态大小一致，则表明已获得较纯的大肠杆菌噬菌体。

3. 效价测定

（1）双层法

将大肠杆菌噬菌体原液用肉汤液体培养基按 10 倍稀释法进行稀释，即稀释成 10^{-1}、10^{-2}、10^{-3}、10^{-4}、10^{-5} 5 个稀释度。

取 15 支已熔化好的上层肉汤琼脂培养基，分别编号，每个稀释度 3 支，置 50℃ 左右水浴中保温。

分别向每支试管加 0.1mL 大肠杆菌菌液，并对号加入 0.1mL 各稀释度的大肠杆菌噬菌体稀释液，混匀静置 3～5min 后，分别对号倒入已凝固的底层琼脂平板（事先已标好稀释度），摇匀，待凝。

另取一支已熔化并保温于 50℃ 恒温水浴中的上层肉汤琼脂培养基，加入 0.1mL 大肠杆菌菌液混匀后倒上层平板，注明为对照。

将以上平板置 37℃ 培养 18～24h 后，统计每个平板上噬菌斑的数目。

效价计算：取噬菌斑平均数在 10～100 个的稀释度进行计数。

$$N = y/Vx$$

式中，N 为效价；y 为噬菌斑数目；V 为噬菌体稀释液的体积；x 为噬菌体稀释度。

（2）试管法

噬菌体原液的稀释：与双层法同。

分别向 10^{-1}、10^{-2}、10^{-3}、10^{-4}、10^{-5} 5 个稀释度的噬菌体液中加一滴大肠杆菌菌液。另取一管液体肉汤培养基，加入一滴大肠杆菌菌液，注明为对照。

置 37℃ 培养 18～24h 后，记录每管的溶菌现象（透明与浑浊）。

效价计算：以能引起溶菌现象的最高稀释度作为该噬菌体效价。

五、 注意事项

（1）上层肉汤蛋白胨琼脂培养基：含琼脂 0.6%，用试管分装，每管 4mL。

（2）底层肉汤蛋白胨琼脂培养基：含琼脂 1.5%～2.0%。

（3）三倍浓缩的肉汤蛋白胨培养液：其中各成分为肉汤蛋白胨培养基的三倍。

六、 结果与讨论

（1）何谓噬菌体、毒性噬菌体、温和噬菌体、噬菌斑？

（2）为什么可以用噬菌斑的数量计算噬菌体的效价？

（3）设计实验方案，检验某大肠杆菌斜面菌种是否污染毒（性）噬菌体。

实验二十一
金针菇的栽培

一、 实验目的

了解金针菇的栽培技术。

二、 实验步骤

人们常采用段木栽培生产金针菇，但段木栽培的金针菇产量低，形状不好，色泽深，常为黑褐色，商品价值低，不受消费者喜爱，因此，现在几乎不再采用段木栽培方式。随着代料栽培技术的发展，目前金针菇主要有瓶栽、袋栽等方式。

（一）瓶栽

1. 栽培容器

可采用 750mL、800mL 或 1000mL 的无色玻璃瓶或塑料瓶，瓶口径约 7cm 为宜，可使菇蕾大量发生，同时，瓶口较大，通气较好，菇质量也高。目前国内也常采用 750mL 的菌种瓶或 500mL 的罐头瓶作为栽培容器，菌种瓶口径太小，菇蕾发生个数少，菇体较密，通气差，所以近瓶口一段菌柄色泽特别深，影响菇体质量。而罐头瓶装料有限，水分容易蒸发且易污染杂菌，长出的菌蕾细弱，产量不高。

2. 工厂化瓶栽设施

工厂化周年瓶栽金针菇需有如下设施。

（1）接种室

接种室要求为无菌状态。由于灭菌后培养料温度高，需降温，因此要设置翅片冷却器，将培养温度降到 15～18℃。

（2）菌丝培养室

利用控温设备，保持温度在 20℃ 左右，并安装定时换气阀或全热交换器，每 2～3h 强制通风 15min，排除呼吸产生的过多的二氧化碳。

（3）催蕾室

要求控温 13～14℃，空气相对湿度 85%～90%，黑暗。在催蕾室两侧壁的墙脚处设吸气孔，在两墙上方设排气孔，用于通风换气。室内有不排风的翅片冷却器和加湿器。

菌蕾培养成整齐、圆整而结实的金针菇，菇房的室温要求4℃左右，空气湿度80%～85%。安装由上往下吹风的冷风机组、换气阀或全热交换器。

（4）套纸筒生育室

为方便金针菇菌柄伸长，子实体需干燥发白，套上纸筒，同时室温要求在6～7℃，室内安装横向吹风的冷风机组。

工厂化生产金针菇可采用800～1000mL、口径7cm的聚丙烯塑料瓶，瓶盖采用无棉盖体。

3. 培养料

可选用阔叶树或针叶树的木屑，需在室外堆积，让木屑中的树脂、挥发油及水溶性有害物散失。棉籽壳、废棉、甘蔗渣、稻草粉均可作为原料。常用的配方如下。

①棉籽壳95%，玉米粉3%，糖1%，石灰1%。

②废棉99%，石膏1%。

③甘蔗渣73%，米糠25%，糖1%，碳酸钙1%。

④木屑73%，米糠25%，糖1%，碳酸钙1%。

⑤稻草粉73%，米糠25%，糖1%，碳酸钙1%。

4. 配料装瓶

将主料棉籽壳、甘蔗渣、废棉等浸水6～12h后捞起沥干，木屑过筛，与其他辅料混合，调节含水量至65%～70%。装瓶时下部可装松些，以缩短发菌时间；上部要装紧些，否则易干燥。装料应至瓶肩。装完用木棒在瓶中部插一个直通瓶底的接种孔，使菌丝在上、中、下部同时生长，塞入棉花，外包防水纸、报纸或聚丙烯薄膜封口。

5. 灭菌、接种与培养

采用高压蒸汽灭菌，在147kPa压力下灭菌1～1.5h，常压灭菌是在100℃下灭菌8～10h。接种需按无菌操作进行，接种量以塞满接种孔为宜。接种后立即将接种瓶移入培养室，在20℃左右培养。因菌丝生长进行呼吸作用，会发热，瓶内温度一般比室温高2～4℃。气温低时，关闭门窗，每隔5～6h通风换气一次。一般菌丝经20～30d可长满全瓶。

6. 出菇管理

（1）催蕾

将长满菌丝的瓶子移到出菇室，去掉瓶口上的棉塞，进行搔菌。所谓搔菌就是用镊子等工具将老菌种扒掉，去掉白色菌膜，并刮平、按平培养料表面，使其平整。也有不搔菌的，但搔菌后效果更好。然后用报纸覆盖瓶口，每日在报纸上喷水 2~3 次。几天后培养基上部就会形成琥珀色的水珠，有时还会形成一层白色棉状物，这是现蕾的前兆，再过 13~15d 就会出现菇蕾。喷水过程中，不能把水喷在菇蕾上，否则菌柄基部就会变成黄棕色至咖啡色，影响出菇的质量，同时会产生根腐病。催蕾期温度控制在 12~13℃，湿度 85%~90%，每天通风 3~4 次，每次 15min 左右。

（2）抑制

现蕾后 2~3d，菌柄伸长到 3~5mm，菌盖呈米粒大时，应抑制生长快的菇体，促使生长慢的菇体生长，使菇体整齐一致。在 5~7d 内，减少喷水或停水，湿度控制在 75%，温度控制在 5℃左右。

（3）套筒

为了防止金针菇下垂散乱，减少氧气供应，防止强光加深颜色，抑制菌盖生长，促进菌柄伸长，常采用套筒措施。可用牛皮纸、塑料薄膜、蜡纸做高度 10~15cm 的筒，呈喇叭形。当金针菇伸出瓶口 2~3cm 时套筒；若套筒过早，只有瓶中间的菇生长且不容易形成菌盖；若套筒过迟，子实体矮小，没有商品价值。为使空气能从筒下部进入，常在筒下部打数个小圆孔；套筒后每天在纸筒上喷少量水，保持湿度 90% 左右，早晚通风 15~20min，温度保持在 6~8℃。

在金针菇生产中，常选用浅色或白色品系，采用套筒、遮光、吹风等技术手段，以抑制金针菇色素的形成和菌盖的展开，并促进菌柄的伸长，得到质地柔软、白色或浅白色的金针菇子实体，这一栽培方法称为金针菇白色软化栽培。

7. 采收

鲜销的菇体在菌盖六七分开伞时采收，不宜太迟，以免菌柄基部呈褐色、绒毛增加而影响外观和质量。采收时一手拿住瓶，另一手轻轻把菇丛拔下，采收一批后进行搔菌，重新盖报纸保湿培养，以便第二次出菇。一般金针菇可采收 2~3 批，但产量主要集中在第一、第二批，其中第一批产量占总产量的 60% 左右。从出菇到收获完毕需 40~60d。

（二）袋栽

袋栽由于袋口直径大，菌蕾可大量发生，通气好，菇的色泽较好。用于栽培的塑料袋的上端可用来遮光、保湿，从装料到采收等栽培管理过程，操作简便，原基形成后只需拉直袋口，免去了套筒的手续。我们研究发现，袋栽金针菇的子实体个数比用 750mL 菌种瓶、500mL 罐头瓶栽培分别多出 60% 和 48%，而袋栽的菌柄长度可增加 9mm 和 33mm。一般来说，袋栽比用 3.5cm 口径的瓶栽产量高出 30% 左右。但因塑料袋口大，培养基水分易蒸发干燥，同时塑料袋破裂时易引发杂菌污染，造成损失。

1. 塑料袋规格

可采用聚丙烯塑料袋，长 40cm、宽 17cm 或长 38cm、宽 16cm，厚度 0.05～0.06mm。塑料袋宽度不宜过大，否则易感染杂菌，且菌柄易倒伏。

2. 配料装袋

培养料配方和配制与瓶栽相同，但因袋口较大，水分会有散失，培养料含水量可调高些，为 70%～75%。为了使原料充分混合均匀，可采用原料搅拌机混合搅拌。装袋时，注意袋底两个角压入袋内，袋内放一圆形木棒，边装边压紧，袋上端留 15cm 以上的长度，装入塑料环，用棉塞塞入，外包牛皮纸或防水纸封口。也可采用装瓶、装袋机，以提高工效。

3. 灭菌、 接种与培养

由于塑料袋装量多，灭菌时间比瓶栽要长一些，高压灭菌 1.5～2h，常压 100℃灭菌 8～10h。接种、培养与瓶栽相同，但需注意用玉米菌种接种栽培时，需防老鼠咬穿塑料袋。

4. 出菇管理

当菌丝长满袋后，将棉塞或套环去掉，拉直袋口，在上面覆盖一层报纸，每日喷水于报纸上，可保持较高的湿度（85%～90%），防止水分蒸发。同时增加 CO_2 的浓度，抑制菌盖生长，待其菌柄变长时，取掉报纸。其他管理与瓶栽相同。

附　录

附录一
实验室须知

（1）实验前须认真检查仪器、试剂、用具及实验材料。如有破损、短缺应立即报告指导教师，经同意后方可调换和补充。对玻璃器皿须做好清洗工作。

（2）实验过程中不得随便挪动外组的仪器、用具和实验材料。不得随意拨动仪器开关或电源开关，须按实验要求进行。

（3）实验材料、药品的使用，应在不影响实验结果的前提下注意节约，杜绝浪费。不使用无标签（或标志）容器盛放的试剂、试样。

（4）实验中产生的废液、废物应集中处理，不得任意排放；所用的培养物、被污染的玻璃器皿及阳性的检验标本，都必须用消毒水浸泡过夜、煮沸或高压蒸汽灭菌等方法处理后再清洗。

（5）在实验室中使用手提高压灭菌锅时，必须熟悉操作过程，操作时不得离开，时刻注意压力表，不得超过额定范围，以免发生危险。

（6）严格遵守安全用电规程。不使用绝缘损坏或接地不良的电器设备，不准擅自拆修电器。

（7）实验过程中，须按操作规程仔细操作，注意观察实验结果，应及时记录。不得抄写他人的实验实习记录，否则，须重做。如有疑问，应向指导教师询问清楚后方可进行。

（8）实验完毕后，须将玻璃仪器、用具等清洗干净，按原来的位置摆设放置。如有破损须报告指导教师，并填写仪器损坏登记簿。

（9）实验结束后，由值日生负责打扫实验室，保持室内整洁，注意关上水、电、窗、门。

附录二
常用试剂及指示剂的配制

1. 石炭酸复红 （品红） 染色液

A 液：

碱性复红	0.3g
95%酒精	10mL

B 液：

石炭酸	5.0g
蒸馏水	95mL

将碱性复红在研钵中研磨后，逐渐加入95%酒精，继续研磨使之溶解，配成 A 液。

将石炭酸溶解在蒸馏水中，配成 B 液。

混合 A 液和 B 液即成。通常将此混合液稀释5～10倍使用，稀释液易变质失效，一次不宜多配。

2. 美蓝 （甲烯蓝、 亚甲蓝） 染色液

美蓝	0.3g
95%酒精	30mL
蒸馏水	100mL

溶解美蓝于酒精中，再加蒸馏水即成。如以0.01%的 KOH 溶液代替蒸馏水即为吕氏美蓝染色液。

3. 碘液 （革兰氏染色用）

碘化钾	2.0g
碘	1.0g
蒸馏水	100mL

先将碘化钾溶解在少量蒸馏水中，再将碘溶解在碘化钾溶液中，然后加入其余的蒸馏水即成。

4. 结晶紫染色液 （草酸铵结晶紫）

A 液：

结晶紫	2.5g

95%酒精	25mL

B液：

草酸铵	1.0g
蒸馏水	100mL

先将结晶紫在研钵中研磨后，加入95%酒精，继续研磨使之溶解，配成A液。

将草酸铵溶解在蒸馏水中，配成B液。将A液和B液混合即成。

5. 番红染色液

番红	2.0g
蒸馏水	100mL

6. 孔雀绿染色液

孔雀绿	5.0g
蒸馏水	100mL

7. 刚果红染色液

刚果红	2.0g
蒸馏水	100mL

8. 乳酸石炭酸棉兰染色液

石炭酸	10.0g
乳酸	10mL
甘油	20mL
蒸馏水	10mL
棉兰	0.02g

将石炭酸放入蒸馏水中加热，直到溶解后，加入乳酸和甘油，最后加入棉兰，使之溶解即成。

在上述染色液中，如不加入棉兰，所配溶液可以用来保存丝状菌标本。

9. 黑素染色液

黑素	10.0g
蒸馏水	100mL

将黑素在水中煮沸5min，加入0.5mL 40%甲醛，用双层滤纸过滤两次。

10. 石炭酸曙红染色液

曙红	10.0g

5%石炭酸　　　　　　　　　　　　　　　　100mL

11. 鞭毛染色液

A液：

5%石炭酸溶液　　　　　　　　　　　　　10mL

饱和钾矾水溶液　　　　　　　　　　　　　10mL

鞣酸粉末（单宁酸）　　　　　　　　　　　2.0g

B液：

饱和结晶紫酒精溶液

用时取 A 液 10 份，B 液 1 份，均匀混合。

12. 曙红（伊红）染色液

曙红（伊红）　　　　　　　　　　　　　　5.0g

蒸馏水　　　　　　　　　　　　　　　　100mL

附录三
常用正交表

（1）L_4（2^3）正交表

试验＼列	1	2	3
1	1	1	1
2	1	2	2
3	2	1	2
4	2	2	1

（2）L_8（2^7）正交表

试验＼列	1	2	3	4	5	6	7
1	1	1	1	1	1	1	1
2	1	1	1	2	2	2	2
3	1	2	2	1	1	2	2
4	1	2	2	2	2	1	1
5	2	1	2	1	2	1	2
6	2	1	2	2	1	2	1
7	2	2	1	1	2	2	1
8	2	2	1	2	1	1	2

（3）L_9（3^4）正交表

试验＼列	1	2	3	4
1	1	1	1	1
2	1	2	2	2
3	1	3	3	3
4	2	1	2	3
5	2	2	3	1
6	2	3	1	2
7	3	1	3	2
8	3	2	1	3
9	3	3	2	1

（4）L_{16}（4^5）正交表

列 试验	1	2	3	4	5
1	1	1	1	1	1
2	1	2	2	2	2
3	1	3	3	3	3
4	1	4	4	4	4
5	2	1	2	3	4
6	2	2	1	4	3
7	2	3	4	1	2
8	2	4	3	2	1
9	3	1	3	4	2
10	3	2	4	3	1
11	3	3	1	2	4
12	3	4	2	1	3
13	4	1	4	2	3
14	4	2	3	1	4
15	4	3	2	4	1
16	4	4	1	3	2

参 考 文 献

[1] Bérdy J. Thoughts and facts about antibiotics：Where we are now and where we are heading. Journal of Anti-biotics, 2012, 65（8）：385-395.

[2] Bérdy J. Bioactive microbial metabolites, a personal review. Journal of Antibiotics, 2005, 58（4）：1－26.

[3] Becker J, Wittmann C. Advanced biotechnology：metabolically engineered cells for the bio－based produc-tion of chemicals and fuels, materials, and health－care products. . Angewandte Chemie, 2015, 46（18）：3328－3350.

[4] 陈金春. 微生物学实验指导. 北京：清华大学出版社, 2005.

[5] 陈军. 发酵工程实验指导. 北京：科学出版社, 2013.

[6] 陈声明, 张立钦. 微生物学研究技术. 北京：科学出版社, 2006.

[7] 杜连祥. 工业微生物学实验技术. 天津：天津科技大学出版社, 1992.

[8] 管斌. 发酵实验技术与方案. 北京：化学工业出版社, 2010.

[9] 郭勇, 崔堂兵. 现代生化技术. 北京：科学出版社, 2014.

[10] 洪坚平, 来航线. 应用微生物学. 北京：中国林业出版社, 2005.

[11] 黄秀梨. 微生物学实验指导. 北京：高等教育出版社, 2002, 2.

[12] 蒋群. 生物工程综合实验. 北京：科学出版社, 2010.

[13] 贾士儒. 生物工程专业实验, 北京：中国轻工业出版社, 2004.

[14] 姜伟. 发酵工程实验教程. 北京：科学出版社, 2014.

[15] 闵航. 微生物学实验. 杭州：浙江大学出版社, 2005.

[16] 宋存江. 微生物发酵综合实验原理与方法. 天津：南开大学出版社, 2012.

[17] 汪文俊, 熊海容. 生物工程专业实验教程. 武汉：华中科技大学出版社, 2012.

[18] 王贵学. 生物工程综合大实验. 北京：科学出版社, 2013.

[19] 吴根福. 发酵工程实验指导. 北京：高等教育出版社, 2006.

[20] 吴根福. 发酵工程实验指导. 第2版. 北京：高等教育出版社, 2013.

[21] 辛秀兰. 生物分离与纯化技术. 北京：科学出版社, 2005.

[22] 杨洋. 生物工程技术与综合实验. 北京：北京大学出版社, 2013.

[23] 张庆芳, 迟乃玉. 发酵工程实验技术. 沈阳：辽宁科学技术出版社, 2010.

[24] 张祥胜. 发酵工程实验简明教程. 南京：南京大学出版社, 2014.

[25] 赵斌, 何绍江. 微生物学实验. 北京：科学出版社, 2005.

[26] 周德庆. 微生物学实验教程, 北京：高等教育出版社, 2006.

[27] 诸葛斌, 诸葛健. 现代发酵微生物实验技术. 北京：化学工业出版社, 2011.